De bijen

Rudolf Steiner

De bijen

Over het wezen van de bijen

Voordrachten voor de arbeiders bij de bouw
van het Goetheanum in Dornach

Christofoor
uitgeverij

Informatie over alle boeken van Uitgeverij Christofoor vindt u op www.christofoor.nl

Steiner, Rudolf

De bijen / Rudolf Steiner
– Zeist: Christofoor – Ill.
Titel van de oorspronkelijke uitgave: *Über das Wesen der Bienen*. Opgenomen in: *Mensch und Welt. Das Wirken des Geistes in der Natur*, GA 351, Rudolf Steiner Verlag, Dornach

ISBN 978 90 6038 651 4
NUR 743 / 432
Trefw. natuur / milieu / antroposofie

De in dit boek verzamelde teksten van Rudolf Steiner berusten op verslagen van voordrachten en toespraken die niet door hemzelf zijn nagezien.
De oorspronkelijke Nederlandse vertaling van L.M. Mispelblom Beyer-van den Bergh van Eysinga is volledig herzien door Th.J.A. Georgiades met de bedoeling deze zoveel mogelijk te laten overeenkomen met de oorspronkelijk uitgesproken en gestenografeerde tekst.
Nawoord en vertaling interview met Joseph Beuys: Th.J.A. Georgiades
Omslagontwerp: Afra Dijkstra | Riesenkind
Tekstredactie: Katja Kaiser
Vormgeving en opmaak: Henk Pel
Eerste Nederlandse uitgave door Uitgeverij Vrij Geestesleven, Zeist 1982 onder de titel *De bijen*.
Nederlandse rechten Uitgeverij Christofoor, Zeist 2010

Deze uitgave is opgedragen aan
Bertus Paijmans,
boer, imker en astrosoof,
† 14 juli 2009

Inhoud

Inleidende woorden

Bij het verschijnen van publicaties uit de voordrachten, die Rudolf Steiner van augustus 1922 tot september 1924 hield voor de arbeiders bij de bouw van het Goetheanum.[1]

Men kan deze voordrachten ook gesprekken noemen, want het onderwerp ervan werd altijd, op Rudolf Steiners aansporing, door de arbeiders zelf bepaald. Ze mochten hun onderwerpen zelf kiezen. Hij zette hen aan tot vragen of mededelingen, moedigde hen aan zich te uiten, hun bezwaren kenbaar te maken. Eenvoudige en moeilijke onderwerpen werden besproken.

Er bleek in het bijzonder belangstelling te bestaan voor de therapeutische en hygiënische gebieden van het leven; men zag daaraan hoezeer deze dingen tot de dagelijkse zorgen van de arbeider behoren. Maar ook alle verschijnselen in de natuur, van het minerale, plantaardige en dierlijke bestaan werden besproken en dit voerde weer naar de kosmos, naar de oorsprong van dingen en wezens. Tenslotte vroegen de arbeiders om een inleiding in de geesteswetenschap en om de grondbeginselen die kunnen leiden tot het begrijpen van de mysteriën van het christendom.

Deze gezamenlijke, geestelijke arbeid was ontstaan uit enige cursussen, die dr. Roman Boos aanvankelijk had gehouden voor arbeiders die belang stelden in deze vragen, na afloop van het werk op het bouwterrein. Later werden zij ook gehouden door andere leden van de Antroposofische Vereniging. Er kwam echter toch een vraag van de arbeiders aan Rudolf Steiner of hij hen niet zelf onder zijn hoede wilde nemen en hun dorst naar kennis wilde lessen, en of het mogelijk was een uur van de werkdag daarvoor te gebruiken, waarop zij nog niet zo vermoeid waren en zijn woorden beter konden opnemen. Dat gebeurde toen 's morgens na de ochtendpauze. Ook enige medewerkers uit de tekenkamer en twee of drie van de naaste medewerkers van Rudolf Steiner kregen toegang.

Er werden ook praktische zaken besproken, zoals de bijenteelt, waarvoor de imkers zich interesseerden. Het verslag van de bijenvoordrachten werd later, toen Rudolf Steiner niet meer onder ons was, door de groep onderzoekers op het gebied van de landbouw, die aan het Goetheanum verbonden was, als brochure voor haar leden uitgegeven.

Ook vele andere mensen wensten nu kennis te nemen van deze voordrachten. Zij waren echter bedoeld voor een bepaald publiek en in een bepaalde situatie voor de vuist uitgesproken, zoals de omstandigheden en de stemming van de toehoorders dat ingaven – bepaald niet met de gedachte aan publicatie. Maar juist de toon van deze voordrachten is zo fris en direct, dat men die niet zou willen missen. Dan zou men er de bijzondere stemming aan ontnemen, die berust op de samenwerking van wat in de zielen van de vragenstellers en van degene die antwoord geeft, leefde. De kleur, het koloriet zou men immers niet aan een betweterige omzetting van de zinnen willen opofferen. Daarom deze poging om het gesproken woord zo precies mogelijk weer te geven; al voldoet het werk, wat de stijl betreft, dan misschien niet overal aan de hoogste literaire eisen, het komt regelrecht uit het leven zelf.

Marie Steiner

Opmerkingen bij de voordracht over de bijen, gehouden door meneer Müller

Dornach 10 november 1923

Dr. Steiner: Zoals wij hebben gezien, is het vandaag al zo laat geworden, dat wij nu hier onze euritmisten, die heel veel te doen hebben, moeten binnenlaten. Ik heb u nog wel het een en ander te zeggen, met name over de dingen die de ononderbroken vruchtbaarheid bij de bijenteelt veroorzaken. U heeft daar vast al iets van gemerkt door wat meneer Müller u heeft verteld, dat de kunstmatige teelt van koninginnen toch wel bezwaren met zich meebrengt. Daarom is het misschien wel interessant juist dergelijke, begrijpelijke dingen te bespreken en aan meneer Müller te vragen of hij heel veel van deze teelt van koninginnenteelt verwacht.

Meneer Müller antwoordt: Ja, in een zeker opzicht verwacht ik er veel van. Als men het volk aan zichzelf overlaat, als men zich er niet om bekommert, dan kan men merken dat het volk verkommert. Het verkeerde krijgt steeds meer de overhand en het goede verdwijnt.

Dr. Steiner: Hoe lang bestaat de kunstmatige bijenteelt?

Meneer Müller: Die bestaat ongeveer twaalf à vijftien jaar.

Dr. Steiner: De zaak is deze – en de volgende keer zal ik daar verder op ingaan – dat men de honingwinning, al het werk, zelfs de werkprestatie van de werkbijen ontzaglijk kan opvoeren door de kunstmatige bijenteelt. Maar – en dat heeft meneer Müller ook al gemerkt – de zaak mag niet te rationeel en niet te zeer bedrijfsmatig worden aangepakt. Wij zullen de volgende keer wat dieper op de bijenteelt ingaan, en ontdekken dat datgene wat voor korte tijd een buitengewoon gunstige maatregel is – dat wat er nú aan ten grondslag ligt – goed kan lijken, maar dat over een eeuw de hele bijenteelt verdwenen zal zijn als men uitsluitend kunstmatig geteelde bijen zou houden. Wij zullen eens nagaan waardoor dat, wat voor een korte periode buitengewoon gunstig werkt, zich zó kan ontwikkelen dat het in de loop der tijd ertoe leidt dat de hele zaak toch afsterft. En wij zullen ook zien dat juist de bijenteelt buitengewoon interessant is, om alle geheimen van de natuur te leren kennen, en vooral hoe dat wat enerzijds heel vruchtbaar blijkt te zijn, anderzijds zelfs leidt tot het afsterven.

Zo kunnen de imkers wel erg verheugd zijn over de vlucht die de bijenteelt in korte tijd genomen heeft; maar deze vreugde zal geen honderd jaar duren.

Eerste voordracht

Dornach, 26 november 1923

Bij en mens

Goedemorgen, heren! Ik heb het plan opgevat naar aanleiding van de uiteenzettingen van meneer Müller enige opmerkingen te maken, die voor u wellicht van belang kunnen zijn, hoewel het natuurlijk op dit tijdstip niet goed mogelijk is zulke dingen echt al in de praktijk van de bijenteelt toe te passen. Ten aanzien van de praktische kant van de bijenteelt is ook weinig, of eigenlijk niets, toe te voegen aan dat wat meneer Müller over de huidige wijze van werken zo uitstekend en volledig heeft verteld.

Er is u echter aan deze – ik zou zeggen – wereld vol raadsels, als u met aandacht heeft geluisterd, met betrekking tot de gehele aard van de bijenteelt iets opgevallen. De imker – dat is vanzelfsprekend – interesseert zich allereerst voor dat wat hij moet doen. Voor de bijenteelt moet eigenlijk ieder mens de allergrootste belangstelling hebben, omdat van de bijenteelt in het leven van de mens werkelijk meer afhangt dan men denkt.

Laten we de zaak eens wat uitvoeriger bekijken. Ziet u, bijen zijn in staat – dat heeft u vernomen uit de voordrachten die de heer Müller voor u heeft gehouden – om datgene te verzamelen, wat in de planten eigenlijk al als honing voorhanden is.[2] Zij verzamelen eigenlijk alleen de honing en wij mensen nemen dan, van wat zij in hun korf verzamelen, slechts een gedeelte weg, niet eens een groot deel. Want men kan wel zeggen dat wat de mens wegneemt ongeveer neerkomt op 20%. Zoveel is het ongeveer wat de mens van de bijen wegneemt.

Maar behalve dat, kan de bij door haar lichaamsbouw, door haar hele organisme, van de planten ook nog stuifmeel halen. Zo verzamelt de bij juist dat van de planten wat zij slechts in zeer kleine hoeveelheden bezitten en wat heel moeilijk te krijgen is. Stuifmeel wordt in de zeer geringe hoeveelheid waarin het naar verhouding voorhanden is, door de bijen verzameld met behulp van de borsteltjes die zij aan hun achterpoten hebben, en het wordt dan in de bijenkorf opgeslagen of verbruikt. Zo zien wij dus de bij allereerst als een dier dat een stof die door de natuur buitengewoon fijn is toebereid, opzuigt en deze voor haar eigen huishouding gebruikt.

Maar dan verder: nadat de bij – en dat is wellicht in het begin het minst opvallend, omdat er helemaal niet over wordt nagedacht – eerst haar voedsel door haar eigen stofwisselingsorgaan heeft veranderd in was, die zij immers in zichzelf produceert, maakt zij, om er eitjes in te leggen, maar ook om er haar voorraden in te bewaren, een eigen vaatje. En dit eigen vaatje, dat is iets heel merkwaardigs, zou ik zeggen. Dit vat ziet er zo uit, dat het van boven gezien zeshoekig is, van opzij gezien dus zo, en aan één kant is het zo afgesloten [zie de bordschets: afb. 1 op blz. 99, midden boven*]. Daarin kunnen de eitjes gelegd worden, of de voorraden. Het een naast het ander. Die dingen sluiten heel goed tegen elkaar aan, zodat door deze tussenwand, waarmee zo'n cel zoals men dat noemt aan een andere is vastgehecht, de ruimte in de bijenraat bijzonder goed gebruikt wordt.

Als men de vraag opwerpt: 'Hoe komt het dat de bij uit instinct nu juist zo'n kunstig gevormde cel bouwt?' dan zeggen de mensen meestal: 'Dat doet zij om de ruimte goed te gebruiken.' Dat is ook waar. Als u zich een andere celvorm voorstelt, dan zou er altijd ruimte tussen de cellen ontstaan. Bij deze vorm ontstaat geen

* De afbeeldingen waarnaar wordt verwezen, reproducties van de originele borschetsen, zijn op blz. 99 t/m 104 van dit boek opgenomen.

tussenruimte, maar alles voegt zich aaneen, zodat de ruimte van deze wasplaat helemaal wordt gebruikt.

Nu, dat is zeker een reden. Maar niet de enige, want u moet bedenken: als daarin de kleine larve ligt, dan is zij helemaal opgesloten, en men moet vooral niet geloven, dat datgene wat ergens in de natuur bestaat, geen krachten heeft. Dit hele zeshoekige huisje, dit huisje met zes wanden, heeft immers krachten in zich, en het zou iets heel anders zijn als de larve in een bol zou liggen. Dat zij in zo'n zeshoekig huisje ligt, betekent in de natuur iets heel anders. De larve neemt deze vormen in zich op, en in haar lichaam voelt zij dat zij in haar jeugd, toen zij nog bijna helemaal week was, in zo'n zeshoekige cel zat. En vanuit dezelfde kracht die zij daarbinnen opzuigt, bouwt zij dan zelf zo'n cel. Daar binnenin liggen de krachten van waaruit de bij trouwens ál haar werk verricht. Dus wat de bij doet, ontleent zij aan haar omgeving. Dat is dan het eerste waarop wij moeten letten.

Nu heeft u echter nog een zeer, zeer merkwaardig feit gehoord: in de bijenkorf als geheel komen verschillende soorten cellen voor. Ik geloof dat een imker heel goed de cellen van de werkbijen en die van de darren kan onderscheiden, nietwaar? Dat is niet zo moeilijk. En nog makkelijker kan hij de cellen van de werkbijen en de darren onderscheiden van de koninginnencellen, want de koninginnencellen hebben immers een heel andere vorm: die lijken eigenlijk meer op een zak. Daarvan zijn er in de korf ook maar enkele. Zo moet men dus zeggen: de werkbijen en de darren – dus de mannetjes, dat zijn de darren – ontwikkelen zich in die zeshoekige cellen, maar de koningin ontwikkelt zich eigenlijk in een zak. Die hoeft geen rekening te houden met zo'n hoekige omgeving.

Daar komt nog iets anders bij. Ziet u, de koningin heeft voor haar volledige ontwikkeling, tot zij een volgroeide koningin is, maar 16 dagen nodig [afb. 1 op blz. 99]. Dan is zij al een geheel ontwikkelde koningin. Een werkbij heeft ongeveer 21 dagen nodig, dus langer. Men zou dus kunnen zeggen: de natuur besteedt veel meer zorg aan de ontwikkeling van de werksters dan aan die van de koninginnen. – Dus de werkbij, die heeft 21 dagen nodig. En de dar, het mannetje, die het snelst versleten is – de mannetjes worden, nadat zij hun taak hebben volbracht, gedood – heeft zelfs 23 tot 24 dagen nodig.

Ziet u, dat is weer een nieuw punt. De verschillende bijenwezens – koningin, werkbij, dar – hebben een verschillend aantal dagen nodig voor hun ontwikkeling.

Neemt u nu deze 21 dagen die de werkbij nodig heeft. Dan is daar is iets heel eigenaardigs aan de hand. 21 dagen is voor alles wat er op aarde gebeurt geen willekeurige tijd. Deze 21 dagen, dat is de tijd waarin de zon ongeveer éénmaal om haar as draait.[3] Stelt u zich dus voor: de werkbij komt juist gereed in de tijd dat de zon éénmaal om haar as draait. Daardoor maakt de werkbij één hele omwenteling van de zon mee en komt dus, doordat ze één hele omwenteling van de zon meemaakt, onder de invloed van alles wat de zon bij haar bewerken kan [afb. 1 op blz. 99, linksboven, binnenste cirkel]. En wanneer ze nu verder mee zou gaan, zou ze van de zon steeds weer dezelfde invloed ondergaan. Want wanneer u zich hier de werkbij voorstelt en daar de zon, op het moment dat het eitje wordt gelegd, dan is dit het punt dat precies tegenover de zon ligt. De zon draait in ongeveer 21 dagen om haar as. Dan komt het punt daar weer tevoorschijn, dan is daar dat punt weer. Wanneer de zon nu verder gaat, komt er alleen maar een invloed van de zon die er al eerder was [er wordt getekend].[4]

Dus de werkbij geniet precies van al datgene wat de zon kan bijdragen, totdat zij volledig ontwikkeld is. Zou de werkbij zich nu nog verder ontwikkelen, dan zou zij uit de invloed van de zon onder de ontwikkeling van de aardse invloed komen, en zou geen zonneontwikkeling meer hebben, omdat zij die al heeft gehad, al ten volle heeft opgenomen. Nu komt zij in de aardse ontwikkeling. Die maakt zij echter alleen als kant-en-klaar insect mee, als een volkomen volgroeid dier. Dus dat duurt, om zo te zeggen, nog maar een moment, een ogenblik, en daarna is zij afgesloten voor de kant van de ontwikkeling door de zon en is nog wel in hoge mate een zonnedier, maar ook al een beetje een aards dier.

Kijkt u nu naar de dar. Die – zo zou ik het willen uitdrukken – kijkt nog een beetje verder. Die vindt zichzelf nog niet klaar na 21 dagen. De dar gaat nog voordat hij geheel uitgegroeid is al over in de aardeontwikkeling, zodat de dar een aards dier is en de werkbij nog een zonnekind.

En hoe staat het met de koningin? De koningin maakt niet eens een hele zonneontwikkeling af. Die blijft achter. Die blijft altijd een zonnedier. De koningin blijft dus in zekere zin altijd dichter bij haar larvenstadium dan de andere dieren. Het verst verwijderd van het larvenstadium is de dar, het mannetje. De koningin is, omdat zij dichter bij het larvenstadium blijft, in staat haar eieren te leggen. En u kunt aan de bijen heel goed zien wat het betekent onder de invloed van de aarde of van de zon te staan. Nietwaar, of een bij een koningin of een werkbij of een dar wordt, hangt alleen af van het feit of zij een ontwikkeling met de zon afwacht, of dat zij dat niet doet. De koningin kan eieren leggen doordat de inwerking van de zon altijd in haar blijft, doordat zij niets van een aardeontwikkeling opneemt. De werkbij, die gaat verder, die ontwikkelt zich nog vier tot vijf dagen langer. Die maakt de zon nog ten volle mee. Maar dan gaat zij, terwijl net haar lichaam stevig genoeg wordt, ook nog een beetje, zoals ik al zei, een ogenblik, over tot de aardeontwikkeling. Daardoor kan zij geen eieren leggen.

De darren zijn mannetjes, die kunnen bevruchten. De bevruchting, die is dus afkomstig van de aarde. De krachten om te bevruchten verwerven de darren zich door de paar dagen waarin zij nog in een toestand van de ontwikkeling, nog niet in volgroeide toestand, onderhevig zijn aan de aardeontwikkeling. Zodat men kan zeggen: aan de bijen ziet men heel duidelijk dat bevruchting, mannelijke bevruchting, van de aardekrachten afkomstig is; de vrouwelijke mogelijkheid om eieren te ontwikkelen, komt van de zonnekrachten. Daardoor kunt u eenvoudig begrijpen welke betekenis de tijdsduur heeft, waarin een wezen zich ontwikkelt. Dat is van zeer grote betekenis, omdat natuurlijk binnen een bepaalde tijd zich iets afspeelt, wat binnen een andere tijd, een kortere of een langere, niet plaatsvindt; dan gebeurt er iets anders.

Maar er komt nog iets bij kijken. Ziet u, de koningin die ontwikkelt zich dus in 16 dagen. Daar is het punt [afb. 1 op blz. 99, linksboven, buitenste cirkel] dat in de zon tegenover haar stond, misschien pas daar; zij blijft binnen de zonneontwikkeling. De werkbijen maken nog een volgend deel van de zonneomwenteling mee, maar zij blijven binnen de zonnewerking, zij gaan daar niet buiten naar de aardeontwikkeling. Daardoor voelen zij zich verwant met de koningin. Omdat zij tot dezelfde zonneontwikkeling behoren, voelt de hele werkbijenzwerm zich met de koningin verwant. Zij voelen zich met de koningin verbonden. De darren, zeggen zij, zijn al verraders; die zijn al naar de aarde omlaaggevallen. Die horen eigenlijk niet meer bij ons. Die dulden wij alleen omdat wij ze nodig hebben. En waarvoor heeft men ze nodig?

Het komt van tijd tot tijd voor dat een koningin niet wordt bevrucht, en toch legt zij eieren die levensvatbaar zijn. De koningin hoeft niet per se bevrucht te worden, zij legt toch wel eieren. Dat noemt men bij de bijen – bij andere insecten komt het ook hier en daar voor – jufferbroed, omdat de koningin niet is bevrucht. Parthenogenese noemt men dat met een wetenschappelijke term. Maar uit de eieren die dan worden gelegd, kruipen alleen maar darren! Daar komen geen werkbijen en geen koninginnen meer uit. Dus als de koningin niet bevrucht wordt, dan kunnen geen werkbijen en geen koninginnen meer worden voortgebracht, alleen maar darren. En zo'n bijenkorf is natuurlijk onbruikbaar.

U ziet dus, bij jufferbroed ontstaat alleen het andere geslacht, nooit hetzelfde geslacht. Dat is een zeer interessant feit, en het is in het algemeen van belang voor de hele huishouding van de natuur dat bevruchting een noodzaak is, opdat hetzelfde geslacht ontstaat – bij de lagere dieren dan natuurlijk, niet bij de hogere. Maar het is nu eenmaal zo dat uit de bijeneitjes alleen maar darren komen als er geen bevruchting heeft plaatsgehad.

De bevruchting is trouwens iets heel bijzonders bij de bijen. Het gaat er niet zo aan toe dat er een soort bruidsbed zou zijn en dat men zich tijdens de bevruchting afzondert, nee, dat gaat heel anders. Daar gaan zij voor de bevruchting juist in de openbaarheid, volop in de zon, en – wat heel merkwaardig lijkt – eerst zo hoog als maar mogelijk is. De koningin vliegt, zo hoog als maar mogelijk is, de zon tegemoet, daar hoort zij immers bij. Ik heb u dat beschreven. En de dar, die zijn aardekrachten nog kan overwinnen – want darren hebben zich met de aardekrachten verenigd – die nog het hoogst kan vliegen, díe kan heel hoog in de lucht bevruchten. Dan komt de koningin weer terug en legt haar eitjes. Dus u ziet, de bijen hebben geen bruidsbed, zij hebben een bruidsvlucht, en proberen juist als zij de bevruchting tot stand willen brengen zo ver mogelijk de zon tegemoet te vliegen. Het is overigens wel zo, dat de bijen voor de bruidsvlucht mooi weer nodig hebben en de zon dus echt gebruiken, want bij slecht weer kan dit niet gebeuren.

Dit alles laat u zien hoe verwant de koningin met de zon blijft. En als nu op deze wijze de bevruchting plaatsheeft, dan worden de werksters in de voor hen bestemde werkstercellen verwekt; eerst – zoals door meneer Müller duidelijk is beschreven – ontstaan de kleine larven enzovoort, en die ontwikkelen zich dan in 21 dagen tot werksters. En in deze zakvormige cellen ontwikkelt zich dan een koningin.

Om nu het vervolg te begrijpen, moet ik u iets vertellen wat u natuurlijk eerst met twijfel zult opnemen, omdat men daarvoor eigenlijk een dieper gaande studie moet maken. Maar toch is het juist. Het volgende moet ik er namelijk mee verbinden, dat de werkbij, als ze rijp geworden is, klaar is, uitvliegt en de bloemen en de bomen bevliegt, zich met haar voetklauwtjes kan vastzetten [afb. 2 op blz. 99, rechts midden] en dan kan zij honing opzuigen en stuifmeel verzamelen. Het stuifmeel draagt zij op haar lichaam, daar bergt zij het op. Dat is bijzonder goed ingericht, die zogenaamde borsteltjes aan de achterpoten, waar zij het stuifmeel kan opbergen. De honing echter zuigt zij op met haar zuigsnuit. Een deel ervan dient haar als voedsel, maar het grootste deel bewaart zij in haar honingmaag. Dat deel spuugt zij weer uit als zij terugkeert. Dus als wij honing eten, dan eten wij in werkelijkheid het spuwsel van de bij. Dat moet ons echt heel duidelijk zijn. Maar het is een zeer zuiver en zoet spuwsel, wat spuwsel anders niet bepaald is, nietwaar. Dus u ziet dat de bij datgene verzamelt wat zij nodig heeft om te eten of om voorraden aan te leggen, om te verwerken, om was te maken, enzovoort.

Nu moeten wij ons afvragen: 'Waardoor vindt de bij de weg naar de bloem?' Zij gaat met een verbluffende zekerheid op de bloem af. Dat kan men helemaal niet verklaren als men de ogen van de bij bekijkt. De bij, de werkbij – de darren hebben wat grotere ogen – heeft twee kleine ogen aan de zijkanten en drie heel kleine oogjes op het voorhoofd [afb. 1 op blz. 99, rechtsboven]. De darren hebben wat grotere ogen. Als men deze ogen van de werkbij onderzoekt, dan komt men erop uit dat zij zeer weinig kunnen zien, en de drie kleine, onbeduidende oogjes kunnen aanvankelijk helemaal niets zien. Dat is het merkwaardige, dat de bij eigenlijk niet door het zien bij de bloem komt, maar door iets dat te vergelijken is met de reuk. Zij tast op de geur vooruit en stoot daardoor op de bloem, zodat eigenlijk een bepaalde gewaarwording, die zich tussen reuk en smaak bevindt, de bij naar de bloem leidt. De bij proeft eigenlijk al stuifmeel en honing als zij eropaf vliegt. Al uit de verte proeft zij het. Dat is het wat de bij er eigenlijk toe brengt haar ogen helemaal niet te gebruiken.

En stelt u zich nu eens heel duidelijk het volgende voor. Denkt u zich in: er is een koningin geboren, zij is binnen het bereik van de zon geboren, heeft de werking van de zon helemaal doorgemaakt, maar is in zekere zin bij de zonnewerking gebleven. Een heel leger van werkbijen heeft weliswaar nog langer de invloed van de zon meegemaakt, maar is niet overgegaan tot de aardeontwikkeling. Nu voelen deze werkbijen zich met de koningin verbonden. Niet omdat zij ongeveer onder dezelfde zon waren, maar omdat zij hoe dan ook binnen de zonneontwikkeling gebleven zijn, voelen zij zich met haar verbonden. Zij hebben zich tijdens hun ontwikkeling niet gescheiden van de ontwikkeling van de koningin. De darren horen daar niet bij. Die hebben zich afgescheiden.

Maar nu gebeurt het volgende. Als er een nieuwe koningin ontstaat, moet de bruidsvlucht hebben plaatsgevonden. Het dier, de koningin, is binnen het bereik van de zon uitgekomen. Een nieuwe koningin is ontstaan. Nu doet zich bij de hele menigte werkbijen, die zich met de oude koningin verbonden voelen, iets heel merkwaardigs voor. De kleine, onbeduidende ogen gaan zien als een nieuwe koningin geboren wordt. Dat kunnen die bijen niet verdragen. Zij kunnen niet verdragen dat hetzelfde wat zij zijn, ergens anders vandaan komt. De drie kleine ogen op hun kop, deze drie onbeduidende oogjes, zijn bij de werkbijen helemaal van binnenuit gevormd, zijn doortrokken van het inwendige bijenbloed, enzovoort. Ze zijn niet aan de werking van het uiterlijke zonlicht blootgesteld geweest. Doordat nu de nieuwe koningin, die uit de zon geboren is, zonlicht in de bijenkorf brengt door middel van haar eigen lichaam, worden deze bijen met hun kleine oogjes nu plotseling, ik zou willen zeggen, helderziend, ze kunnen dit licht van de nieuwe koningin niet verdragen. Nu begint de gehele zwerm te zwermen. Het is een soort angst voor de nieuwe koningin, alsof zij verblind worden. Het is precies zo als wanneer men naar de zon opkijkt. Daarom zwermen zij uit. En men moet opnieuw de bijen opzetten met de oude koningin, althans voor zover de meeste werkbijen, die nog bij de oude koningin horen, bij elkaar blijven. De nieuwe koningin moet het nieuwe volk voor zich winnen.

Er blijft wel een deel van het volk achter, maar dat is juist dat deel dat onder andere omstandigheden geboren is. Maar de reden waarom de bijen uitzwermen ligt juist in het feit dat zij de nieuwe koningin, die nieuwe zonnewerkzaamheid binnenbrengt, niet verdragen.

Nu kunt u vragen: 'Maar waardoor worden de bijen zo gevoelig voor deze nieuwe zonnewerking?' Heren, daar is iets zeer merkwaardigs aan de hand. U weet misschien dat het vaak onaangenaam kan zijn om een bij te ontmoeten. Die steekt je. En als men zo'n groot wezen is als de mens, dan krijgt men hoogstens een ontstoken plek op de huid, enzovoort, maar het blijft toch onaangenaam. Kleine dieren sterven daar zelfs aan. Dat komt doordat de bij een angel heeft, die eigenlijk een buisje is. In dat buisje beweegt zich iets op en neer dat op een zuiger lijkt, en die staat in verbinding met de gifblaas, zodat het gif naar buiten kan stromen.

Dit gif, dat voor iemand die ermee in aanraking komt zeer onaangenaam kan worden, is voor de bijen buitengewoon belangrijk. De bij vindt het eigenlijk helemaal niet prettig om dit gif bij het steken af te moeten staan, maar zij staat het af, omdat zij elke invloed van buiten eigenlijk helemaal niet kan verdragen. Zij wil in zichzelf blijven. Zij wil in de wereld van haar volk blijven, en elke invloed van buiten ervaart zij als iets storends. Die weert zij dan af met haar gif. Maar het gif heeft ook nog een andere betekenis. Dit gif werkt bij de bij zo, dat het zich voortdurend in heel kleine hoeveelheden door het gehele lichaam van de bij verspreidt. Zonder dit gif zou de bij helemaal niet kunnen bestaan. En als men de werkbij bestudeert, dan moet men tot de slotsom komen dat zij met haar onbeduidende oogjes niet kan zien. Dat is het gevolg van het feit dat het gif ook voortdurend in deze kleine oogjes binnenkomt. Dit gif namelijk wordt aangetast op het ogenblik dat de nieuwe koningin, de nieuwe werking van de zon, er is. Dan werkt het gif niet meer. Dan gaan de ogen plotseling zien. De bij heeft het dus eigenlijk aan haar gif te danken dat zij is zoals zij is, dat zij eigenlijk voortdurend om zo te zeggen in een schemering leeft.

En als ik het u beeldend moet beschrijven wat bijen beleven als een nieuwe koningin uit zo'n zakvormige cel naar buiten kruipt, dan moet ik zeggen: zo'n bijtje leeft altijd in de schemer, tast zich vooruit met een reuk-smaak, met iets dat het midden houdt tussen reuk en smaak, gaat op de tast verder, leeft in de schemer, en die past bij haar. Als echter de nieuwe koningin komt, dan is dat net zo als wanneer wij in juni in het donker lopen en de johanneskevers[5] oplichten. Zo verlicht de nieuwe koningin de bijenzwerm, omdat het gif niet meer sterk genoeg werkt om de bijen in zichzelf besloten te houden. De bij heeft het nodig afgesloten te zijn van de wereld, afgesloten van de wereld door de schemer. Die heeft zij ook als zij uitvliegt, omdat zij juist door haar gif in zichzelf besloten kan blijven. Zij gebruikt het gif pas op het moment dat zij bang is dat er ergens van buitenaf een invloed komt. Het bijenorganisme wil helemaal in zichzelf besloten zijn.

Opdat de koningin binnen het bereik van de zon kan blijven, mag zij ook niet in zo'n hoekige cel zitten, maar moet zij in een cel met een ronde vorm zitten. Dan blijft zij onder invloed van de zon [afb. 1 op blz. 99, rechts midden].

En ziet u, heren, nu komen wij op iets dat eigenlijk maakt dat de bijenteelt ieder mens buitengewoon moet interesseren. Daarbinnen in de bijenkorf gaat het namelijk precies zo – met maar een kleine wijziging – als in het hoofd van de mens. Alleen met dit verschil, dat in het eigen mensenhoofd de bestanddelen niet zo uitgroeien. Nietwaar, binnenin het hoofd van de mens hebben wij zenuwen, bloedvaten en ook nog afzonderlijk liggende zogenaamde eiwitcellen, die rondachtig blijven. Die zijn daarbinnen ook altijd wel ergens aanwezig. Daarbinnen in het hoofd van de mens vinden wij ook iets drievoudigs. De zenuwen bestaan immers ook uit afzonderlijke cellen, die alleen omdat zij aan alle kanten door de natuur bedekt zijn, niet helemaal tot dieren uitgroeien; zij willen echter eigenlijk dieren worden, deze zenuwen willen ook diertjes worden. En als de zenuwcellen in het hoofd van de mens zich naar alle kanten zouden kunnen ontwikkelen onder dezelfde voorwaarden als het bijenorganisme, dan zouden de zenuwcellen darren worden. De bloedcellen, die door de aderen stromen, zouden werkbijen worden [afb. 2 op blz. 99, boven]. En de eiwitcellen, die voornamelijk in het midden van het hoofd aanwezig zijn, die maken de kortste ontwikkeling door, die laten zich met de koningin vergelijken. Zo treffen wij binnen in het hoofd van de mens dezelfde drie krachten aan.

Welnu, de werkbijen brengen datgene wat zij van de planten verzamelen naar huis, verwerken het in hun eigen lichamen tot was en brengen dan die wonderlijke bouw van cellen tot stand. Heren, dat doen de bloedcellen van het menselijke hoofd ook! Die gaan van het hoofd door het hele lichaam. En als u bijvoorbeeld een bot bekijkt, een stuk bot, dan zijn daarin overal die zeshoekige cellen aanwezig. Het bloed, dat in het lichaam circuleert, dat verricht dezelfde arbeid als de bijen in het bijenorganisme. Alleen bij de andere cellen, nietwaar, bij de spieren, waar het ook gelijksoortig is – want de spiercellen lijken ook op de wascellen van de bijen – daar lossen zij zich te snel op, die zijn ook nog week; daar ziet men het niet zo goed. Bij het bot ziet men het heel goed, als men dat bestudeert. Het bloed heeft ook de krachten die een werkbij heeft.

Ja, heren, u kunt dat zelfs in relatie tot de tijd bestuderen. De cellen die u als eerste in de menselijke embryonale kiem tot ontwikkeling ziet komen en die dan blijven, de eiwitcellen, dat zijn die cellen die al in het allereerste ontwikkelingsmoment van het embryo aanwezig zijn. De andere, de bloedcellen, ontstaan wat later, en ten slotte ontstaan de zenuwcellen. Precies zoals het binnenin het bijenorganisme gebeurt! Maar de mens bouwt een lichaam op dat schijnbaar bij hem hoort, en de bij bouwt ook een lichaam: dat zijn de raten, de cellen. Met dit bouwsel van was gebeurt hetzelfde als in het inwendige van ons lichaam; alleen kan men daarvan niet meer zo makkelijk aantonen dat eigenlijk de bloedcellen dit maken uit een soort was. Maar toch zijn wij zelf uit een soort was gemaakt, net zoals de bijen de raten binnenin de korf of in de kast maken. Dus het is zo: de mens heeft een hoofd en het hoofd werkt aan het grote lichaam, wat het bijenorganisme eigenlijk is. En het bijenorganisme vertoont in de samenhang tussen koningin en werkbijen dezelfde samenhang als de eiwitcellen, die rond blijven, met het bloed hebben. En de zenuwen worden voortdurend vernield. De zenuwen slijten onophoudelijk, want wij verslijten ons zenuwstelsel. Wij voeren in ons inwendige nu niet direct een zenuwenoorlog, een zenuwenslachting – dan zouden wij elk jaar doodgaan – zoals bijen een darrenslacht aanrichten; maar desondanks worden onze zenuwen ieder jaar zwakker. En aan dit zwakker worden van de zenuwen sterft de mens eigenlijk. Wij kunnen dan het lichaam niet meer zo gewaarworden, en de mens sterft eigenlijk altijd aan het verslijten van zijn zenuwen.

Als u nu het hoofd, dat eigenlijk het bijenorganisme voorstelt, bekijkt, dan ontdekt u dat in dit hoofd van de mens alles goed beschermd is. En als men van buitenaf daaraan letsel toebrengt, dan is dat een vreselijke verwonding. Dat verdraagt het hoofd niet. De gebeurtenis bij het ontstaan van de nieuwe koningin verdraagt het bijenorganisme ook niet, het gaat liever weg dan dat het met deze nieuwe koningin moet samenleven.

En dit is nu juist de reden waarom de bijenteelt altijd als iets geweldig belangrijks wordt bekeken. Nietwaar, de mens neemt twintig procent van de honing van de bijen weg en men moet wel zeggen: deze honing is voor de mensen bijzonder nuttig, want de mens krijgt verder uit zijn voedsel heel weinig honing, omdat de honing zo fijn in kleine hoeveelheden over de planten verdeeld is. Anders krijgen wij maar heel kleine hoeveelheden honing binnen. Wij hebben immers ook 'bijen' in ons, namelijk ons bloed. Dat brengt deze honing wel naar de verschillende delen van het lichaam. Maar dit is nu juist de honing die de bij nodig heeft om was te maken, waaruit zij dan het lichaam, de raatbouw van het bijenorganisme kan maken.

Op ons mensen, vooral als wij ouder worden – bij het kind heeft de melk deze werking – heeft honing een bijzonder gunstige werking. Zij bevordert namelijk onze lichamelijke opbouw. Daarom is aan mensen die oud zijn honing buitengewoon aan te bevelen. Alleen moet men zich er niet aan overeten. Overeet men zich, neemt men er meer van dan alleen als een toegift, dan bouwt men te sterk op. Dan wordt het lichaam broos en men krijgt allerlei ziekten. Welnu, een gezond mens merkt wel hoeveel hij kan eten. En dan is in het bijzonder voor mensen die ouder worden honing een uitzonderlijk gezonde voeding, omdat honing eigenlijk ons lichaam stevig maakt, echt stevig maakt.

Men zou daarom ook bij kinderen met rachitis deze aanwijzingen moeten opvolgen. Maar vooral in de allereerste weken, als de kinderen eigenlijk alleen van melk zouden moeten leven, mag men dit niet doen, want dan werkt de honing nog niet – als men echter heel goed doseert, als men juist aan het rachitische kind, als het ongeveer negen à tien maanden oud is, honing zou geven, en het dan dit honingdieet zou blijven geven tot het drie à vier jaar is, dan zou rachitis, de Engelse ziekte, niet zo ernstig zijn als zij op zichzelf is, omdat het wezenlijke van rachitis is dat het lichaam te week blijft, in elkaar zakt. Honing namelijk draagt de kracht in zich mensen gestalte te geven, stevigheid te geven. Deze samenhangen moeten duidelijk worden gezien. Dan kan men zeggen: eigenlijk zou de honingwinning, de bijenteelt, nog veel en veel meer aandacht moeten krijgen dan zij op het ogenblik krijgt.

Dan is ook nog het volgende mogelijk. In de natuur bestaat namelijk tussen alles een merkwaardige samenhang. En daarbij zijn de wetten die de mens met zijn gewone verstand niet doorziet eigenlijk het allerbelangrijkste. Deze wetten werken echter zo, dat zij altijd een klein beetje vrijheid openlaten. Zo is het bijvoorbeeld met de geslachten op aarde. Er ontstaan niet precies evenveel mannen als vrouwen op aarde, wel ongeveer evenveel. Over de gehele aarde bezien is het ongeveer gelijk. Daarvoor zorgt de wijsheid van de natuur zelf. Als nu ooit de tijd komt – ik geloof dat ik dat u al eerder heb gezegd – dat de mensen het geslacht willekeurig kunnen bepalen, dan zou de zaak direct in de war raken. Welnu, het is ook zo: als bijvoorbeeld in een bepaald gebied door woeste oorlogen de bevolking gedecimeerd is, dan wordt zij daarna vruchtbaarder. In de natuur werkt ieder tekort een tegenovergestelde kracht op.

Nu is het ook zo dat als de bijen in een streek honing zoeken, zij dan die honing natuurlijk van de planten afnemen. Maar zij nemen die honing van de planten af die men ook nog nodig heeft, die ons allerlei vruchten en zo geven. En het merkwaardige is nu dat in streken waar bijen gehouden worden ook de vruchtbomen en dergelijke beter gedijen dan in streken waar geen bijen worden gehouden. Dus als bijen honing halen van de planten, houdt de natuur niet op met werken, maar zorgt zij ervoor dat er nog meer van zulke vruchtdragende planten gaan groeien. Zo profiteert de mens niet alleen van de honing die de bijen hem geven, maar er wordt hem dan ook nog wat door de planten geschonken die door de bijen worden bezocht. Dat is een wetmatigheid waar men werkelijk diep in kan doordringen en die belangrijk is.

Welnu, hiermee hangt wel samen dat men, als men deze dingen doorziet, toch zeggen kan: in het hele wezen van een bijensamenhang, een organisme, zit al iets waarin de natuur een heel wonderlijke wijsheid heeft gelegd. De bijen vallen duidelijk onder natuurkrachten die buitengewoon belangrijk en werkelijk bewonderenswaardig zijn. Daardoor voelt men een zekere schroom om zomaar in deze krachten in te grijpen.

Het blijkt namelijk vandaag de dag nog steeds zo, dat als de mens lomp in de natuurkrachten ingrijpt, hij de zaak niet beter maakt, maar slechter. Maar hij maakt het niet meteen slechter, want het is zo dat de natuur overal hindernissen heeft. Ondanks deze hindernissen werkt zij zo goed als ze maar kan. Bepaalde weerstanden kan de mens best wegnemen en daardoor kan hij het de natuur ook wat makkelijker maken. En hij vergemakkelijkt het bijvoorbeeld de natuur – en vooral in het geval van de bijenteelt naar het schijnt zeer veel – door niet de oude bijenkorven, maar de moderne bijenkasten te gebruiken, die makkelijk zijn ingericht.

Maar nu komt het hoofdstuk van de kunstmatige bijenteelt. U moet niet geloven, heren, dat ik niet wil inzien, ook van een absoluut niet-geesteswetenschappelijk gezichtspunt, dat de kunstmatige bijenteelt in eerste instantie natuurlijk zijn voordelen heeft, want vanzelfsprekend wordt er veel vergemakkelijkt; maar dit sterke aan elkaar hangen – ik zou willen zeggen – van een bijengeneratie, van een bijenfamilie, dat wordt daardoor op den duur toch geschaad. Op dit ogenblik zal men in het algemeen de kunstmatige bijenteelt – als al die voorzorgsmaatregelen getroffen worden waarover meneer Müller heeft gesproken – natuurlijk tot op zekere hoogte alleen maar kunnen waarderen. Maar hoe de situatie over vijftig of tachtig jaar is, dat moet worden afgewacht, want er worden nu eenmaal bepaalde krachten die tot nu toe in de bijenzwerm organisch werkten, gemechaniseerd, door mechanische vervangen. Het is niet meer mogelijk die innige verwantschap tot stand te brengen tussen de aangekochte bijenkoningin en de werkbijen, zoals deze tot stand komt als de bijenkoningin vanuit de natuur zelf ontstaat. Maar in de naaste toekomst geldt dit nog niet.

Vanzelfsprekend wil ik helemaal niet dat er een fanatieke beweging tegen de kunstmatige bijenteelt wordt ontketend. Zulke dingen kan men in het praktische leven eigenlijk niet maken. Want dat zou net zoiets zijn als wat ik u nu wil vertellen. Men kan ongeveer berekenen wanneer de kolen in de aarde op zullen zijn. De kolenvoorraden op aarde zijn niet onuitputtelijk, die komen aan hun einde. Nu zou men het winnen van kolen uit de aardlagen natuurlijk wel zo kunnen beperken, dat er ongeveer kan worden gedolven tot het tijdstip waarop de aarde zelf te gronde zal zijn gegaan. Men kan niet zeggen dat men het zo moet doen, want men moet wat dat betreft een beetje vertrouwen in de toekomst hebben. Men moet wel zeggen: welnu, zeker, wij beroven de aarde van al haar kolen, dat wil zeggen, wij beroven eigenlijk onze nakomelingen van de kolen, maar die zullen dan wel iets anders uitvinden waardoor ze geen kolen meer nodig hebben. Zo kan men natuurlijk ook redeneren ten aanzien van de nadelen die de kunstmatige bijenteelt met zich meebrengt.

Maar toch is het goed als men zich ervan bewust is, dat datgene wat in de natuur zo wonderbaarlijk tot stand gekomen is, eigenlijk toch wordt verstoord als men daaraan iets mechanisch, iets kunstmatigs toevoegt. Want de bijenteelt is te allen tijde als iets zeer wonderbaarlijks beschouwd. De bij werd juist in de oudste tijden als een heilig dier beschouwd. Waarom? Zij werd als heilig beschouwd omdat zij eigenlijk in haar hele werkzaamheid laat zien hoe het in de mens zelf toegaat. En als iemand een stukje bijenwas krijgt, dan heeft hij daarmee eigenlijk een tussenproduct van bloed en spieren en botten. Dat gaat in het inwendige van de mens door het wasstadium heen. De was wordt daardoor nog niet vast, maar blijft vloeibaar, tot het omgezet kan worden in bloed of spieren of botcellen. Men heeft dus eigenlijk bij was datgene voor zich wat men als kracht in zich heeft.

Als de mensen in oude tijden bijenwaskaarsen maakten en die aanstaken, dan hadden zij daarbij het besef een zeer bijzondere en heilige handeling te verrichten: de was die daar verbrandt, hebben wij uit het bijenorganisme gehaald. Daarbinnen is de was in vaste toestand. Als het vuur de was doet smelten en de was verdampt, dan komt de was in dezelfde toestand die het in ons eigen lichaam heeft. En tijdens dit verbranden van de was van de kaars hebben de mensen vroeger aangevoeld, dat daar datgene wat opstijgt naar de hemel in hun eigen lichaam aanwezig is. Dat was voor hen iets dat hen tot intense overpeinzing voerde, en dat hen ertoe bracht de bij als een bijzonder heilig dier te beschouwen, omdat de bij iets maakt wat de mens voortdurend in zichzelf moet maken. En daarom is het werkelijk zo dat hoe verder wij teruggaan in de tijd, des te meer ontdekken wij dat de mensen voor het hele bijenwezen grote eerbied hadden. Natuurlijk was dat wezen toen nog dat van de wilde bijen: de mensen ontdekten het en beschouwden het als een openbaring. Later is het opgenomen in het huishouden van de mensen. Maar in alles wat zich bij de bijen afspeelt, liggen toch louter heel wonderbaarlijke raadsels, en een gevoel voor de bijen kan men toch alleen ontwikkelen als men grondig bestudeert wat zich eigenlijk tussen hoofd en lichaam van de mens afspeelt.

Dit wilde ik u vertellen.

Woensdag zullen wij de volgende bijeenkomst hebben. Mogelijk zullen vele vragen rijzen naar aanleiding van wat ik verteld heb. Mogelijk zal ook meneer Müller het een of het ander te binnen schieten. Ik wilde u alleen datgene vertellen waaraan geen twijfel mogelijk is, want dit berust op echt inzicht. Maar het gaat erom dat er misschien nog veel duidelijk gemaakt kan worden.

Tweede voordracht

Dornach, 28 november 1923

Over het waarnemen van de bijen

Goedemorgen, heren! Is u nog iets te binnen geschoten wat u vragen wilt?

Er wordt een artikel voorgelezen: 'Zien de bijen kleuren die voor ons onzichtbaar zijn?' uit de *Schweizerischen Bienen-Zeitung N.F.*, nummers 2 en 3, februari en maart 1923, van prof. dr. Buttel-Reepen, Oldenburg.

Dr. Steiner: Welnu, daar kunnen we wel iets over zeggen. Deze experimenten die Forel en die Kühn en Pohl hebben gedaan,[6] laten duidelijk zien hoe gedachteloos eigenlijk tegenwoordig zulke proeven worden uitgewerkt. Men kan natuurlijk niets onzinnigers bedenken dan zo'n verklaring van een experiment! Bedenkt u maar eens dat ik dan ook het volgende zou kunnen uitvoeren. Stelt u zich voor: ik heb een stof – zulke stoffen bestaan – die vooral gevoelig is voor ultraviolet, dat wil dus zeggen gevoelig voor de kleuren die voorbij blauw en violet liggen, net zoals bijvoorbeeld bariumplatinacyanide dat in het artikel wordt genoemd. Dat licht ook op als ik alle andere kleuren afdek.

Dus ik dek ook rood, oranje, geel, groen, blauw, indigo en violet af. Ik heb dus rood, oranje, geel, groen, blauw, indigo en violet. Nu maak ik gebruik van een diafragma, dat wil zeggen, ik dek dat allemaal in het spectrum af. Dan heb ik hier nog de zogenaamde ultraviolette stralen, die voor de mens onzichtbaar zijn. Als ik daarin nu deze stof plaats, een wit poeder, bariumplatinacyanide, en ik sluit de luiken, dan begint het op te lichten. Wij mensen zien niets in deze verduisterde kamer. Nu laten wij deze stralen naar binnen komen, schermen ze af op het punt waar zij binnenkomen, en laten dus alleen het ultraviolet door. Als ik er echter bariumplatinacyanide aan toevoeg, wat gebeurt er dan? Dan 'ziet' het.

Iets anders doet men immers ook niet, als men de proef doet met mieren. In plaats van bariumplatinacyanide neem ik mieren. De mieren gaan op suiker af – derhalve zeg ik: zij zien. Zij hoeven net zo min te zien als het bariumplatinacyanide hoeft te zien om op te lichten. Het enige wat ik nu beweren kan, is dat als ik ergens een stof heb, dat die een werking op mieren uitoefent. Meer mag ik niet beweren. Dus die geleerden zijn zo gedachteloos als maar kan en beweren dingen die niets anders zijn dan pure fantasie.

Het enige wat men kan beweren, is – en dat is volgens het artikel bewezen omdat, als men de ogen met lak besmeert, er niets meer gebeurt – dat via de zintuiglijke organen min of meer een bepaalde werking op deze insecten werd uitgeoefend. Daarbij is het typerend dat de geleerde datgene wat hij bij bijen opmerkt, toepast op mieren en wespen. Dat laat zien hoe gedachteloos zulke experimenten worden gedaan.

Nu komt daar nog het volgende bij. Als men hier verder gaat [afb. 3 op blz. 100, linksboven], komt men bij de zogenaamde ultraviolette stralen. Dus hier hebben wij rood, oranje, geel, groen, blauw, dan komen nog indigo en violet. Hier hebben wij de ultrarode stralen, daar de ultraviolette. Dus rechts hebben wij de ultraviolette stralen en nu hebben de ultraviolette stralen de eigenaardigheid – zo drukt hij het zelf uit in zijn artikel – dat zij heel erg chemisch werken. Dus datgene wat daar binnen gebracht wordt binnen het bereik van de ultraviolette stralen, wordt chemisch sterk beïnvloed. En het gevolg daarvan is, dat als ik daar een mier in breng, deze direct een chemische werking ondergaat. Dat merkt zij. Dat is juist, zij merkt het vooral in haar ogen. Het is een gevoel alsof iemand haar wil kriebelen als zij binnen de ultraviolette straling wordt gebracht, net zoals bariumplatinacyanide een inwerking ondervindt als het in een chemische omgeving wordt gebracht. Dat is hetzelfde. Als ik in een kamer alles verduister en daarbinnen alleen de ultraviolette stralen heb, dan merkt de mier direct: daar gebeurt iets. Met name als het gaat om miereneieren, om larven, die veranderen helemaal. Die zouden op het moment dat deze sterke chemische werking optreedt te gronde gaan. Daarom redden deze mieren de eieren. Waar het dus in dit artikel om gaat, is een inwerking op een chemische manier. Wat ik zojuist heb beweerd, is juist. Ik heb gezegd: de bijen hebben een soort reuk-smaak, iets dat tussen reuk en smaak in ligt. Dat is wat er bij bijen, en bij mieren is het net zo, gevonden wordt.

Zo slecht zijn deze heren op de hoogte van datgene waarom het gaat, dat zij bijvoorbeeld niet weten dat als de mens zelf kleuren waarneemt, er in zijn ogen – ook als hij violette stralen waarneemt – kleine chemische veranderingen optreden. Dus vindt het waarnemen van kleuren bij de mens al via het chemische plaats. Zo komt alles wat hier bij de bijen onderzocht is neer op de invloed op de inwendige chemische verandering die bij bijen optreedt als zij in het ultraviolette licht leven.

Welnu, ziet u, bijen kunnen alles ongehinderd waarnemen wat in het bereik van zwart, wit, geel, grijs – dat is alleen maar een wat donkerder wit – en blauwgrijs ligt [afb. 3 op blz. 100]. In al die kleuren komt namelijk geen ultraviolet voor. Dus deze chemische invloeden, die de bijen zo sterk bemerken als zij in het ultraviolet komen, die komen bij deze kleuren niet voor. Als de bij uit het gebied van zwart, wit, geel en blauwgrijs in dat andere komt, dan bemerkt zij bij het ultraviolet iets dat haar vreemd is; daar kan zij niets mee. Het komt er allemaal op neer dat de bij een soort reuk-smaak heeft. Wij maken een zeer duidelijk onderscheid tussen ruiken en proeven, nietwaar. Het proeven betreft vooral een chemisch zintuig. Dat berust helemaal op chemie. De bij heeft iets dat tussen ruiken en proeven in staat.

Dat is ook niet in tegenspraak met het feit dat de bij het zeer duidelijk kan onderscheiden, als men de kast waarin zij leeft ergens aan de voorkant verft. Want, weet u, elke kleur werkt zowel chemisch als qua warmte anders. Als u bijvoorbeeld een oppervlak rood zou verven en de bij nadert dit rood, dan wordt het voor haar warm. Natuurlijk weet zij dat dit iets anders is dan wanneer zij in de buurt van blauw komt! Bij een blauw oppervlak wordt het kouder. Dus de bij bemerkt deze warmte van het rood en de kou van het blauw. Dat kan zij dus van nature onderscheiden. Maar men mag daar niet uit afleiden dat de bij met haar ogen net zo kijkt als de mens met de zijne. Dat is natuurlijk absoluut onzin.

Zo is het ook met veel andere dingen die deze mensen doen. Ik heb u al eens verteld waar al deze experimenten toe leiden. Ik heb u verteld: er bestaat een bepaalde plant die zonnedauw of vliegenvangertje[7] heet; zij trekt haar blaadjes direct samen als die worden aangeraakt. Precies zoals u met uw hand een vuist maakt als u aangeraakt wordt – dat wil zeggen, als iemand erop los wil slaan – zo wacht zonnedauw tot er een insect in de buurt komt en dan klapt ze dicht. Nu zeggen die mensen: dus heeft deze plant, zonnedauw, een ziel net als de mensen. Zij heeft het in de gaten als er een insect aan komt, klapt dicht, enzovoort. Ja heren, ik zeg dan altijd: ik ken een toestel, dat zo gemaakt is, dat als een dier in de buurt komt en iets van dat toestel aanraakt, het toestel dan meteen toehapt en het dier gevangen zit. Dat is namelijk een muizenval. En als men aan zonnedauw een ziel toeschrijft, dan moet men ook aan een muizenval een ziel toeschrijven. Als men dus de bijen, omdat zij op ultraviolet licht reageren, 'zien' toeschrijft, dan moet men ook aan bariumplatinacyanide het zien toeschrijven.

Als de mensen zouden denken, dan zouden zij op heel merkwaardige dingen komen, want bariumplatinacyanide is buitengewoon interessant. Bariumplatinacyanide bevat onder andere barium. Dat is een wit metaal dat tot de groep van de alkalimetalen behoort. Nu is het interessant dat die metalen ook een bepaalde rol in het leven van de mens spelen. Wij zouden namelijk als mensen in ons lichaam niet de juiste werking van eiwit, dat wij eten, hebben, als wij niet in onze buikspeekselklier zulke metalen hadden. Die moeten daar zijn. Wij hebben dus met barium iets dat samenhangt met hoe goed we ons voelen bij de spijsvertering.

Platina is een bijzonder kostbaar metaal, dat weet u, een metaal dat bovendien erg hard en zwaar is, een edelmetaal. Deze metalen hebben allemaal de eigenschap dat zij op hun beurt weer samenhangen met het voelen, het gewaarworden.

En nu moet u nog aan iets anders denken. Ziet u, in die verbinding zit ook nog cyanide. Dat is een bepaald soort cyaanzuur, blauwzuur. Nu heb ik u al eens verteld[8] dat de mens juist als zijn spieren werken, altijd een beetje blauwzuur ontwikkelt. Dus deze hele stof is net zoiets als wat de mens in zijn lichaam voortdurend ontwikkelt. En daaraan kunt u zien dat de mens zelf bijzonder gevoelig is in zijn lichaam – niet in zijn ogen – voor dat wat in het ultraviolette licht, dat wil zeggen in de chemische bestanddelen van het licht, plaatsvindt. Zo kunnen wij mensen ook zelf ons hierover een oordeel kunnen vormen, als wij maar op zulke dingen zouden kunnen letten.

Juist alleen de geesteswetenschap leidt ertoe dat wij op zulke dingen kunnen gaan letten, namelijk dat – zoals in dit geval het bariumplatinacyanide wordt aangeraakt – er een soort voelen aanwezig is. En dat is bij de bij op de meest sterke manier aanwezig. Bijen bemerken kleuren zelfs met een buitengewone intensiteit en zien alleen kleur als er een levend wezen dat zelf licht geeft, heel zwak oplicht. En daarom zei ik: in het algemeen is er om de bij heen alleen schemer. Als de nieuwe bijenkoningin echter opduikt, dan schijnt deze voor de bijen net zo als voor ons de johanneskever in juni. Dat geldt echter alleen voor de drie kleine oogjes van de bij; haar andere ogen, de grotere, hebben al een bepaalde lichtervaring, maar dan zoals in de schemering. En als het licht gedempt, afgedekt is, bemerkt het dier juist de aanwezigheid van zo'n kleur met een chemische werking, ultraviolet, of de kleur die helemaal geen chemische werking heeft, het infrarood.

Aan het eind van het artikel in de *Bienen-Zeitung* staat dat met betrekking tot het infrarood nadere mededelingen zullen volgen. Zeker, als de bijen in het infrarood komen, zullen zij zich heel anders gedragen, want daar is geen chemische werking meer. Naar de feitelijke inhoud zijn de experimenten juist; maar men moet wel heel duidelijk inzien dat men niet zulke conclusies kan trekken als Forel en Kühn hebben gedaan. Dat is een volledig gedachteloos uitwerken van de experimenten. Toch zeggen die mensen dan: 'Het is overtuigend bewezen.' Ja, natuurlijk, voor diegene die meent dat ook de muizenval een ziel heeft. Maar voor een ander die weet hoe ver hij kan gaan, hoe ver hij kan doordenken om de dingen werkelijk precies na te gaan, is dat bewijs helemaal niet overtuigend.

In het leven bestaat echter helemaal niet de gewoonte om de dingen precies na te gaan. Als mensen ergens iets onbelangrijks hebben beleefd, wordt er – zoals men zegt – van een mug een olifant gemaakt. Zo gaat het ook vaak bij onze geleerden. Als zij iets op het spoor zijn, roepen ze hun gedachten geen halt toe, maar zij gaan door met wat rechtstreeks voor hen ligt. Dan ontstaat er iets fantastisch, dan ontstaat er uit een mug een olifant. Als de huidige wetenschap het een of ander beweert – zij beweert het alleen vanwege haar macht, omdat zij alle tijdschriften in handen heeft – dan wordt zo'n uitspraak in de regel niet tegengesproken. Maar uiteindelijk zal men met al die dingen niets kunnen.

Naar mijn mening zult u, als u de hele bijenteelt doorneemt, zien dat juist de meest kundige imkers zich weinig aantrekken van wat Forel en Kühn daar hebben ontdekt, want imkers moeten praktisch verder kunnen en dan doen ze instinctief wat nodig is.

Het is natuurlijk beter als men ook wéét wat men instinctief doet. In het algemeen meen ik ook te hebben opgemerkt dat de imker misschien weleens op een zondagavond, als het buiten sneeuwt, gaat zitten en zo'n artikel gaat lezen, omdat het hem natuurlijk interesseert. Maar hij kan met het artikel niet veel beginnen, omdat men aan dit artikel in de praktijk niets heeft.

Maar u heeft vast en zeker nog andere interessante vragen.

Meneer Müller: Ik zou nog iets willen zeggen over de koningin. Wij hebben al besproken dat zij eitjes legt. Maar wij hebben ook niet-bevruchte koninginnen, bijvoorbeeld bij slecht weer, en uit haar eitjes ontstaan darren, die waardeloos zijn. Maar ook wordt er, als de koningin vertrokken is en er geen jong broed meer aanwezig is, uit de werkbijen één bij tot koningin grootgebracht; die legt ook eitjes, maar ook die zijn niet bevrucht, en daaruit komen inferieure darren.

Ook wil ik nog iets zeggen over het zwermen. De eerste zwerm heeft nog geen nieuwe koningin. De nieuwe koningin sluimert nog in haar cel. Alleen de oudere bijen vertrekken met de koningin. Ik vang de oude koningin uit de zwerm en kan dan alle bijen weer bij het volk terugdoen.

Wat betreft het zien van de bijen wil ik zeggen: als wij in de bijenstal werken en er is te veel licht – dat betekent dat er voor de imker altijd nog te weinig licht is – dan raken de bijen enorm opgewonden.

Wat betreft het steken van de bijen tijdens het zwermen: het is bij ons algemeen bekend dat een voorzwerm nogal prikkelbaar is, bij een nazwerm is dat minder het geval. Wij zijn van mening dat jonge bijen nog niet steken, hun angel nog niet gebruiken.

Er zijn streken waar de mensen de honing pas oogsten als

de priester de korf heeft gezegend. Op 8 augustus is er een honingdag.

Het kan ook nog gebeuren dat de zwerm uitvliegt, dat de koningin ergens gaat zitten, en het lijkt alsof de zaak daarmee afgelopen is, maar zo is het niet, tenminste niet helemaal.

Dr. Steiner: Ten aanzien van alles wat ik heb gezegd, is het eigenlijk zo, dat het erop neerkomt dat de oude koningin uit het volk zwermt als de jonge koningin zich laat zien, dus zich aan de bijen als een soort johanneskever laat zien. Als de zwerm uitgezwermd is en men de oude koningin weggevangen heeft, dan kan men zoals u zegt het volk weer terugbrengen in de korf en er wordt rustig doorgewerkt. Dan kan men nog niet zeggen dat het onjuist is, dat het volk in de eerste plaats is weggetrokken vanwege de sterke lichtindruk die de jonge koningin heeft op de drie kleine oogjes. Dat is daarmee niet uit de wereld. U moet dat heel logisch benaderen. Ik zal een voorbeeld geven uit het dagelijks leven. Stelt u zich voor dat u allemaal ergens een baan heeft, en dat u op een dag tot het besluit komt dat u allemaal samen moet staken, omdat er in de leiding iets verkeerd gaat. Laten wij aannemen dat u tot een staking besluit. Dus, heren, u zwermt uit.

Nu gaat er enige tijd voorbij en u heeft niet meer de mogelijkheid om levensmiddelen te kopen. U staat op het punt te verhongeren en gaat gedwongen weer terug naar uw baas. Ja, kan ik nu zeggen: dus het is niet waar dat er eerst iets verkeerds is gebeurd? Want u moet wel bedenken dat als u uit de uitgevlogen zwerm de oude koningin weghaalt en de zwerm weer terugbrengt in de bijenkorf, de bijen wel genoodzaakt zijn, omdat zij de oude koningin niet meer hebben – wat zij merken – het bij de nieuwe koningin uit te houden, door de zure appel heen te bijten. Wat ik zei was dus niet onjuist, maar het gaat er nu eenmaal altijd om dat men dit alles in het juiste licht bekijkt.

Verder heeft u over voorzwermen gesproken, waarbij een jonge koningin eigenlijk nog ontbreekt, waar men nog niet daarover kan spreken. Welnu, heeft u zo'n voorzwerm waargenomen terwijl ook het ei voor de jonge koningin er nog helemaal niet is?

Meneer Müller: Negen dagen voordat de jonge koningin uitkroop.

Dr. Steiner: Ten eerste zit de jonge koningin nog als een ei in haar cel [afb. 3 op blz. 100, rechtsboven]. Na 16 dagen is zij een volledig uitgegroeide bijenkoningin geworden. Dan komt zij tevoorschijn. Negen dagen eerder is zij echter al in het ei of in de larve aanwezig. Nu is het merkwaardige daarbij, dat het ei op dat moment het sterkst licht geeft. Geleidelijk aan houdt dat lichten op en de jonge koningin geeft nog enige tijd licht. Maar het allersterkste licht geeft zij als zij nog ei en larve is. Dus is het heel begrijpelijk dat er dan voorzwermen loskomen, die uit de gevoeligste bijen bestaan en dat die ervandoor gaan. Dat is te verklaren uit het feit, dat er niets gebeurt voordat er een jonge koningin is. Want wat is de jonge koningin? Die is er immers ook al als er alleen nog maar een eitje is.

Als de koningin onbevrucht blijft, dan brengt zij geen werkbijen voort, maar alleen darren en, zoals meneer Müller zei, nog slechte darren ook. Dat is ook juist. Men heeft dus niets aan het broed van een onbevruchte koningin, een zogenaamde bastaardmoeder, omdat er geen werkbijen bij zijn. Men moet er dus goed op letten dat de bijen juist onder de invloed van het zonlicht hun bruidsvlucht kunnen houden.

U ziet nu weer hoe groot de rol is die het chemische daarbij speelt. Want, nietwaar, alles wat daar gebeurt, gebeurt immers als een inwerking op het geslachtelijke aspect van de bij. Het geslachtelijke is echter helemaal van chemische aard. Als de bijenkoningin ver omhoog vliegt, dan is het natuurlijk zo dat de beïnvloeding niet door het licht plaatsheeft, maar door datgene wat in de werking van het licht als chemisch aanwezig is. Dus juist daaraan ziet u hoe bijzonder fijngevoelig de bij is voor het chemische.

U zei verder dat als men met het bijenvolk werkt, dat men als mens daarbij natuurlijk licht nodig heeft en dat dat zorgt voor onrust bij de bijen. Nu moet u zich eens bijzonder levendig het volgende voorstellen: de bij ontvangt via het licht chemische invloeden, die zij heel sterk ervaart. Als u nu als mens komt en licht bij haar toelaat, het plotseling heel licht maakt, dan werkt dat op de bij, zoals een sterke tocht op u werkt, net als wanneer u ergens zit, het raam open zet en er een flinke tocht ontstaat. De bij neemt het licht waar; zij merkt niet dat het heel licht wordt, maar zij voelt het als een schok, zij raakt helemaal in de war. En men zou bijna – zonder dat ik het heb gezien – kunnen zeggen: als de imker dat doet, als hij veel licht binnenlaat, dan gedragen de bijen zich vreselijk zenuwachtig, worden innerlijk onrustig, komen onder de chemische invloed van het licht en beginnen, net als jonge zwaluwen, af en aan te vliegen. Zij dansen heen en weer. En dat is nu juist het teken dat zij zich innerlijk onrustig voelen. Bedenkt u maar eens wat er gebeurt als de bijen niet zo zenuwachtig zouden worden als zij het licht zien. Dan zouden zij juist wegkruipen, in een hoekje gaan zitten, om aan de invloed van het licht te ontkomen.

Nu komt bij alles wat al gezegd is natuurlijk ook nog het volgende: men moet goed begrijpen dat er overal invloeden werkzaam zijn die niet vergeleken mogen worden met de invloeden die deze dingen op de mensen hebben. Anders vermenselijkt men alles en komt men nooit verder dan de zaak anders voor te stellen dan: omdat de mens zo kijkt, kijkt het dier ook zo. Daar mag men niet van uitgaan. U heeft wellicht het volgende al eens waargenomen. Wie dergelijke zaken bekijkt, kan het waarnemen. Denkt u eens aan een keuken waar een zacht brandend fornuis staat. De kat gaat graag op het fornuis zitten als dit warm is, rolt zich als een bolletje op, slaapt er, heeft de ogen dicht. Welnu, als er dan ergens onder een kast een muis zit die zij met haar ogen helemaal niet kan waarnemen, kan het gebeuren dat de kat plotseling, zonder de ogen te openen, naar beneden springt en trefzeker bovenop de muis terechtkomt, en voordat u eigenlijk weet wat er gebeurt, komt de kat met de muis aanlopen en heeft die al in haar bek.

Welnu, heren, u wilt natuurlijk niet beweren dat de kat de muis heeft gezien, want zij had haar ogen dicht, zij lag te slapen. Maar nu beweren de mensen: 'Zij heeft een heel fijn gehoor, en door dat heel fijne gehoor heeft zij de muis waargenomen.' Welnu, dan zou men ook moeten beweren: de kat luistert als zij slaapt het allerbeste. Maar dat is ook wel een wat twijfelachtige bewering, want zien en horen zijn juist de zintuigen die eigenlijk alleen tijdens het wakker zijn zo'n grote rol spelen, terwijl de reuk bijvoorbeeld tijdens het slapen een buitengewoon grote rol speelt. Die werkt chemisch. En dan gebeurt er in de neus en overal in de hersenen iets chemisch. Maar bovendien, kunt u als u iets hoort dan op hetzelfde ogenblik daar precies bovenop springen? Dat is helemaal niet zo. Het horen is immers niet zo dat men zich dan zo snel kan oriënteren. Dus aan het gehoor van de kat kan het niet liggen. Wat men echter uitgesproken bij de kat aantreft, is dat zij een buitengewoon fijne reukzin heeft, die zij in haar snorrenbaard heeft. En die buitengewone fijne reuk zit daardoor binnenin, omdat in iedere snorhaar eigenlijk een kanaaltje zit en in die haar zit een stofje en dit stofje wordt in chemische zin veranderd door de aanwezigheid van de muis [afb. 3 op blz. 100, rechts midden en onder]. Als er geen muis is, dan heeft die stof, chemisch gezien, een bepaalde toestand. Is er ergens in de omgeving, heel ver weg, een muis, dan neemt de kat die muis waar door de chemische verandering in haar snorrenbaard. Ik heb u al eens verteld[9] dat er mensen zijn, die, al wonen zij op de derde verdieping en beneden in de kelder is een stof, bijvoorbeeld boekweit, dat zij die stof kunnen waarnemen en daar ziek van kunnen worden. En dat de reukzin volkomen betrouwbaar werkt, daarvan kan men zich overtuigen; anders zouden er geen politiehonden zijn. Die bereiken met hun ogen heel weinig, maar met hun reuk zeer veel. Zo moet men in het dierenrijk de betrouwbaarheid niet aan de ogen, maar aan de chemische werkingen toeschrijven; die werken het allersterkste in combinatie met ultraviolette stralen.

Als u een politiehond een bijzondere dienst wilt bewijzen, zou het goed zijn als u hem uitlaat en voor hem steeds een dievenlantaarn ophoudt, zodat hij zich voortdurend in ultraviolette straling bevindt. Dan zou die politiehond zijn werk nog beter doen, omdat dan in zijn reukharen – bij een hond zijn het namelijk ook de reukharen – de chemische werkingen nog duidelijker zullen optreden.

Dus bij alles wat u maar van dieren te weten kunt komen, komt het erop neer dat men, zodra men met het dierenrijk te maken heeft, moet afzien van zulke bewuste zintuigen en dan moet men tot de reuk- en de smaakzin afdalen, dat wil zeggen afdalen naar de chemische zintuigen.

Overigens bent u van mening dat jonge bijen niet steken. Maar het is toch heel goed te verklaren dat jonge bijen nu eenmaal het orgaan om te steken, het hele inwendige organisme nog niet zo ver hebben ontwikkeld. Dat komt pas met het ouder worden. Dat is niets bijzonders en niet in tegenspraak met wat ik gezegd heb.

Meneer Müller heeft een vraag over het kunstmatig voeren. Hij neemt 4 liter water, 5 kilo suiker, voegt daar nog tijm aan toe, kamillethee en een snufje zout. Wat kan de werking daarvan zijn?

Dr. Steiner: Daarover kunnen wij u buitengewoon goed inlichten, omdat op deze principes – zoals zij hier instinctief worden toegepast – gedeeltelijk onze geneesmiddelen berusten. Niet alle, maar een aantal van onze geneesmiddelen berusten daarop.

Als u de bijen suiker voert, is dat eigenlijk verkeerd, want bijen gebruiken uit de natuur geen suiker als voedsel, maar nectar en pollen, het stuifmeel.

Meneer Müller: Men moet bijvoorbeeld de bladhoning oogsten, zelfs uit de raten met broed, omdat de bijen anders roer krijgen. En dan blijft er voor de bijen vaak maar 2 tot 3 kilo over, dat is niet voldoende..

Dr. Steiner: Bijen zijn er in het algemeen aan gewend geen suiker te eten, maar eigenlijk zijn zij gewend honing als voedsel te hebben. Daaraan zijn zij gewend. Dat ligt zo in hun aard. Nu is het eigenaardige dat de bij 's winters ieder voedsel dat zij krijgt in een soort honing omzet. Het voedsel wordt immers door het wezen dat het opneemt weer omgezet. Dus is de bij in staat om gedurende de winter dat wat zij voor zichzelf opneemt tijdens de vertering om te zetten in een soort honing. En u kunt zich voorstellen dat dat eigenlijk een proces is dat meer kracht vereist dan wanneer men de bijen met honing voert. Dan hoeven zij niet ook nog de energie op te brengen om in hun organisme de suiker weer in honing om te zetten.

Wat voor bijen zullen het dan zijn, die in zichzelf overvloedig suiker in honing omzetten? Dat zullen alleen de sterke bijen doen, degene die men goed kan gebruiken. Zwakke bijen kan men er niet toe brengen suiker in zichzelf in honing om te zetten. Daarom zijn die ook min of meer nutteloos.

Nu heb ik echter onlangs gezegd: de zaak is voor ons zeer goed te begrijpen. Als u bijvoorbeeld kamillethee toevoegt, dan bespaart dit de bij namelijk een deel van de arbeid die zij anders in haar eigen lichaam moet uitvoeren. Als u suiker met kamillethee vermengt, dan is de substantie van kamille datgene uit de plant wat in de plant honing doet ontstaan. Want de substantie die in kamillethee zit, zit namelijk niet alleen in kamille, maar in iedere plant die honing bevat. Maar kamille bevat van nature meer van die substantie en daardoor kan men haar als honingplant eigenlijk helemaal niet gebruiken. Maar als u een plant heeft, dan zit in een plant veel zogenaamd zetmeel. Zetmeel heeft voortdurend de neiging over te gaan in suiker. Het kamillesap werkt in de plant al zodanig op het zetmeel, dat het de suikersap in die plant naar de honing dirigeert. Als u dus kamillethee aan het dier geeft, dan ondersteunt u het daardoor bij de innerlijke honingwerking. U maakt dat suiker al op honing begint te lijken als u er kamillethee bijmengt.

Zo doen wij dat ook met onze geneesmiddelen. Als u een of ander metaal heeft, kunt u dat niet zonder meer aan de mens geven, omdat het met de vertering weer uitgescheiden zou worden, maar men moet het met iets vermengen omdat het dan gemakkelijker wordt opgenomen. Zo is het ook met kamillethee die u aan suiker toevoegt.

Zout moet er daarom nog bij, omdat zout in het algemeen zaken die anders onverteerbaar zijn verteerbaar maakt. Mensen nemen instinctief zout in de soep en in andere gerechten, omdat zout de eigenschap heeft zich snel in het lichaam te verspreiden en de spijzen verteerbaar te maken.

Derde voordracht

Dornach, 1 december 1923

Honing en kwarts

Mijne heren! Meneer Müller heeft mij nog een nummer van de *Schweizerischen Bienen-Zeitung* gegeven, waarin een artikel staat dat de ervaringen met honingkuren behandelt: 'Meer over onze ervaringen met honingkuren in het kindertehuis Frauenfelder Amden' door dr. Paula Emrich, Weesen, nummer 3 van de *Schweizerischen Bienen-Zeitung*, maart 1923. [Enkele passages worden voorgelezen.]

Het is heel interessant om vandaag met een paar opmerkingen bij dit artikel aan te sluiten. Het gaat erom dat in dit kindertehuis een proef is genomen om kinderen die op een of andere manier ondervoed zijn, met honing te behandelen in die zin, zoals men het beschrijft, dat men honing in niet al te warme melk oplost, die goed doorroert en dan deze honing in de niet oververhitte melk, melk die niet aan de kook is gebracht, die onder het kookpunt is gebleven, aan de kinderen geeft.

Zij boekt daarmee uitstekende resultaten. De schrijfster van het artikel zelf kan het verheugende resultaat vermelden dat het gehalte aan rode bloedlichaampjes bij de kinderen buitengewoon sterk toeneemt. Zo had zij bijvoorbeeld twee kinderen onder behandeling, die zusjes waren. Het kleinste had, toen het in het tehuis werd opgenomen, maar 53% rode bloedlichaampjes. Bij het vertrek, dus na het doormaken van de honingkuur, was het percentage rode bloedlichaampjes naar 82 gestegen. Het grotere kind had 70% rode bloedlichaampjes en toen het werd afgehaald 78%. Dat was dus niet zo'n sterke toename, maar het percentage was toch gestegen. Het grotere kind had alleen een melkkuur gehad en daarbij was het percentage ook gestegen, maar slechts van 70 naar 78%. Het was dus in het begin niet zo zwak, maar het is relatief gezien ook niet zo sterk gestegen.

Nu noemt zij nog een hele reeks zeer interessante onderzoeken. En ik wil u verzoeken om op de leeftijd van de kinderen te letten als ik deze onderzoeken vermeld. Als men de werking van de een of andere stof op de mens wil onderzoeken, dan heeft men er niets aan als men deze onderzoeken alleen in het laboratorium doet. Maar men moet, zoals bij iedere zieke, voor men hem onderzoekt, de leeftijd vaststellen en dat ook doen als men een onderzoek doet op het gebied van voeding of van genezen.

'Wij hebben ook een jongen van 11 jaar; die heeft acht weken lang een honingkuur gevolgd en daardoor is de gezondheidstoestand van zijn klieren in belangrijke mate verbeterd. Ook een slijmvliesontsteking aan een longtop is beter geworden, en het aantal rode bloedlichaampjes, eigenlijk de belangrijkste factor, is van 53 naar 75% gestegen [afb. 4 op blz. 100, rechtsboven[10]]. Vervolgens als tweede weer een jongen van 11 jaar. Hij vertoont een stijging van 55 naar 74 procent. Bij een meisje van 14 jaar steeg het percentage van 70 naar 88 procent. De volgende stijgingen zal ik u niet meer voorlezen, maar ze zijn zonder uitzondering belangrijk. Zij geeft bovendien nog de gewichtstoename aan, waaruit ook blijkt dat de kinderen krachtiger zijn geworden. De schrijfster noemt dan een meisje van 10, nog een meisje van 10, een jongen van 13, een meisje van 7, een jongen van 11, een jongen van 8, een jongen van 12, een jongen van 9 en een jongen van 7 jaar. De onderzoeken tonen aan dat kinderen van deze leeftijd, dus laten wij zeggen ongeveer op de schoolplichtige leeftijd, bijzonder veel baat hebben bij een honingkuur.

Nu studeert de schrijfster nog over wat de oorzaak kan zijn dat deze kinderen zoveel baat hebben bij een honingkuur. Dan geeft ze iets heel interessants aan. Ze geeft iets aan dat een vernietigend oordeel geeft over wat tegenwoordig nog al te vaak in de wetenschap wordt toegepast.

Wat doet de wetenschap tegenwoordig, als zij voedingsmiddelen op hun voedingswaarde wil onderzoeken? De wetenschap ontleedt deze levensmiddelen en zoekt uit hoeveel bestanddelen van de een of andere zogenaamde chemische stof daarin aanwezig zijn. Dat doet die wetenschap.

Nu is het volgende gebeurd zegt de schrijfster: een leerling van de beroemde professor in de fysiologie Bunge,[11] wiens naam u wel kent, was in Bazel en deed onderzoek, waarbij hij muizen met melk voedde. Deze muizen hadden het goed, zij ontwikkelden zich uitstekend. Zij werden dus met melk gevoed. Maar hij deed de proef ook nog op een andere manier. Hij zei: 'Melk bestaat uit caseïne, dus kaasstof, vet, suiker en zouten.' Vervolgens zei hij: 'Op melk gedijen de muizen voortreffelijk. Die melk bestaat uit caseïne, vet, suiker en zouten. Dus geef ik een dergelijke groep muizen caseïne, vet, suiker en zouten. Dat is immers hetzelfde als wat er in melk zit.' – En kijk, de muizen waaraan hij caseïne, vet enzovoort gegeven had, gingen na een paar dagen dood! Zij kregen hetzelfde, maar zij gingen dood. U ziet het: het maakt niet uit wat de samenstelling van een stof is. Er moet nog iets anders in het spel zijn – dat hadden die heren moeten zeggen.

Maar wat zeiden die heren? Zij redeneerden: stof, dat is alles wat er is, overal moet stof zijn. En waar iets gebeurt, moet een stof aanwezig zijn. Maar de stoffen die in caseïne, in vet, suiker en zouten zitten, die doen het niet! Dus zeiden die heren: dan moet er wel een nieuwe stof in zitten, in zo'n kleine hoeveelheid, dat die door chemisch onderzoek helemaal niet te vinden is. En deze stof noemen die lui nu vitamine. Vita is leven, dus vitamine = maakt het leven.

Heine[12] heeft eens met iets de spot willen drijven. Hij zei toen:

'Er zijn mensen die bijvoorbeeld willen verklaren waar de armoede vandaan komt.' Welnu, het eenvoudigste wat men kan zeggen is: 'De armoede komt van de pauvreté.' Dan heeft men er een ander woord voor, maar men heeft daarmee niets verklaard.

Ik was eens in een gezelschap waar men erover sprak waar het komische vandaan komt, en toen bracht een heel stel mensen echt schitterende gedachten naar voren over de oorsprong van het komische, dat waar men over lacht. Maar toen stond iemand op en stapte op een manier naar het podium, zodat men begreep dat deze man het gevoel had dat hij heel wat te vertellen had! En toen vertelde hij zijn opvatting over het komische en zei: 'Het komische, dat komt gewoon daarvandaan, dat de mens beschikt over de vis comica. Vis comica: vis is kracht, comica is komisch. De mens heeft deze komische kracht, daar komt het komische vandaan.' Dat is precies hetzelfde als wanneer iemand in de economie zegt: 'Waar komt het geld vandaan? Het geld komt van de kracht die geld maakt.' Men heeft daarmee helemaal niets verduidelijkt.

Welnu, in de economie heeft men direct in de gaten dat iemand een zonderling is als hij zegt: 'Het geld komt van de kracht die geld maakt.' Maar in de natuurwetenschap merkt men dat niet als iemand zegt: 'Waar komt de opwekkende kracht in melk vandaan?' en dan antwoordt: 'Van de vitamine.' Dat is net zoiets als: 'De armoede komt van de pauvreté.' Maar men heeft niets in de gaten. Men denkt dat er iets geweldigs is gezegd, maar er is helemaal niets mee gezegd.

En dat is nu – zou ik willen zeggen – het opwindende in het huidige bedrijven van wetenschap. De mensen geloven dat zij iets te zeggen hebben, verkondigen dat met grote woorden, en andere mensen geloven dat ook nog allemaal. Maar als dat in de wereldgeschiedenis nog lang zo doorgaat, dan zal dat tot gevolg hebben dat alles zal wegkwijnen en dood gaan. Want de wereld is ervan afhankelijk dat men iets kan doen, en niet dat men over de dingen alleen maar kan praten en woorden bedenken. De woorden moeten de betekenis hebben van wat er echt is. En er was vroeger echt een vorm van wetenschap die rechtstreeks met de praktijk samenhing. En tegenwoordig is er een wetenschap die helemaal niets meer van de praktijk weet. Zij verzint alleen maar woorden. En dat is natuurlijk mede ontstaan doordat er een nieuwe autoriteit aan de oude autoriteiten is toegevoegd.

U moet alleen maar eens bedenken hoe kort geleden het nog is dat er voor allerlei speciale onderwerpen niet zo veel tijdschriften waren als nu. Toen werden de mededelingen die werden gedaan over zoiets als, laten wij zeggen, de bijenteelt, besproken op imkerbijeenkomsten. In mijn jeugd was dat nog zo. Daar kon men ervaren hoe deze dingen op zo'n imkerbijeenkomst werden besproken. Men vertelde elkaar wat men uit eigen ervaring wist en daar kon men meteen aanvoelen of iemand een windbuil was of dat hij echt uit ervaring sprak. Want het is heel iets anders als men iemand hoort praten. Men merkt gauw genoeg of hij iets weet of alleen maar iemand napraat. Want de zwarte drukinkt is op grote schaal als een nieuwe autoriteit aan de bestaande toegevoegd. En als iets gedrukt staat, dan geloven de mensen dat er wel wat van waar moet zijn.

Maar bij dit artikel komt nog iets. Deze vrouwelijke arts heeft echt gezegend werk gedaan met haar honingkuren. En wat zij in de praktijk heeft gedaan, is uitstekend. Nu gaat zij op wetenschappelijke manier erover nadenken en dan komt er eigenlijk helemaal niets uit. En dat zegt zij ook: 'Het is zeer wenselijk dat de resultaten van onze proeven in zeer brede kring bekend worden en dat vooral aan onze opgroeiende jeugd weer meer honing wordt gegeven.'

'Voorlopig geven onze mededelingen alleen de resultaten van onze praktische ervaringen weer, maar wij twijfelen er niet aan dat met de verdere ontwikkeling van de leer der vitaminen ook de farmacologen en fysiologen zich zullen gaan bezighouden met het vraagstuk van de werking die honing op het organisme heeft.'

Zo zegt de schrijfster van het artikel meteen aan het begin: 'Ik voel mij gedrongen om ook eens vanuit het standpunt van de arts over de werking van honingkuren te berichten. [...] Onze goede resultaten moedigen ons aan naar de diepere samenhangen te zoeken. Hoewel ik mij bewust ben nog lang niet in het diepste wezen hiervan te zijn doorgedrongen, wil ik nu toch al op grond van onze ervaringen en van de resultaten van de onderzoeken de punten belichten, waarbij naar mijn mening vervolgonderzoek moet aansluiten.'

Dus uit haar eigen woorden blijkt duidelijk dat zij, deze vrouwelijke arts, bescheiden genoeg is door te zeggen: met de hele vitamineleer zijn wij eigenlijk nog niet tot het wezen van de zaak doorgedrongen.

Nu verzoek ik u het volgende nauwkeurig te overdenken. Wij willen nu eens bekijken waarop de werking van honingkuren eigenlijk berust. U ziet dat ook deze onderzoeken ons iets laten zien. Zij laten ons zien dat de werking van honing buitengewoon sterk is – en dat zullen de onderzoeken steeds meer aantonen – niet bij heel kleine kinderen, maar bij die kinderen die aan het wisselen van de tanden toe zijn, of al ver over het wisselen heen zijn. Dat is dus iets wat de onderzoeken zelf aantonen. Het is heel belangrijk dat men dat in het oog houdt. Maar de onderzoeken laten nog meer zien. Zij laten zien dat bij kinderen honing het beste werkt als men die in niet al te warme melk geeft. Dus als men een mengsel van honing en melk maakt, dan werkt dat vooral bij kinderen.

En als men nu nog verder zou gaan, dan zou men namelijk het volgende ontdekken. Men zou ontdekken dat honing ook voor kleinere kinderen van belang kan zijn. Maar dan moet men weinig honing in de melk doen; meer melk, weinig honing. Bij oude mensen helpt voornamelijk de honing, niet de melk. Men kan bij bejaarden gunstige resultaten bereiken door ze honing zonder melk te laten eten.

Wat men dus moet zeggen, is dat melk en honing iets zijn dat voor het leven van de mens een buitengewoon grote betekenis heeft. Dat volgt rechtstreeks uit deze ervaringen.

En ziet u, heren, oude wetenschappen – dat heb ik u vaak verteld – waren niet zo dom als de huidige geleerde wereld meent. Oude wetenschappen treden vaak op eenvoudige wijze naar buiten, maar zij waren eigenlijk heel knap, heel wijs. En nu weet u dat in het oude gezegde 'dat is een land van melk en honing' besloten ligt, dat het een gezond land is waar men gezond kan leven. Dus de mensen uit die oude tijden wisten dat melk en honing iets is dat heel sterk met het leven verbonden is.

De natuur spreekt vaak zeer verstandig. Dat wat zij uitspreekt, begrijpt men, als men alleen maar de eenvoudige dingen eenvoudig genoeg neemt. Wie beseft dat de natuur eigenlijk heel wijs te werk gaat, heeft niet zoveel bewijs nodig om te weten dat melk vooral iets is dat voor kleine kinderen goed is en voor de opgroeiende jeugd. Anders zou uit de borsten van vrouwen honing vloeien en geen melk, wat trouwens in de natuur niet onmogelijk is, want planten produceren honing en het zou heel goed tot de mogelijkheden behoren dat in de borstklieren van de vrouw honing aanwezig is. Men moet de dingen alleen maar zo eenvoudig mogelijk bekijken. Men moet niet zeggen: 'De natuur is een prutser en zij maakt in de vrouwenborst alleen melk en geen honing,' maar men moet zeggen: 'Daarin ligt al het inzicht, dat voor het kleine kind als eerste melk van belang is, en dat men honing kan nemen, naarmate het kind opgroeit.'

Ja, maar wij kunnen toch niet alleen maar een voorstelling maken die alleen maar een kwestie van woorden is en zeggen: 'De armoede komt van de pauvreté, het komische van de vis comica en de levenskracht van honing komt van de vitamine die erin zit,' maar men moet zich richten op wat werkelijk hiermee verband heeft. En dan wil ik u nog het volgende zeggen. Wij zullen een en ander combineren wat wij uit deze voordrachten allang weten, maar het gaat erom dat men de dingen altijd op de juiste wijze kan bekijken.

Ziet u, heren, als u het hooggebergte in gaat, vindt u juist daar waar het hooggebergte het hardst is, waar in bepaalde zin het hardste uit de aarde omhoog schiet, kwartskristallen. Die zijn heel mooi. U vindt trouwens allerlei kristallen. Herinnert u zich dat ik die kwartskristallen voor u heb getekend; ze zien er zo uit [afb. 4 op blz. 100, linksonder]. Als ze gaaf zijn, dan zijn ze aan de onderkant net zo afgesloten als aan de bovenkant, maar meestal zijn ze niet gaaf. Zij komen dus uit het gesteente tevoorschijn, groeien in zekere zin uit het gesteente naar een vorm zoals ik die daar getekend heb, zoals ik die al vaker getekend heb. Wat wil dat nu zeggen? Dat wil zeggen dat de aarde kristallen uit zich laat groeien, die zeshoekig zijn en spits toelopen. Dus binnen in de aarde is de kracht die zoiets zeshoekigs kan vormen.

Ziet u, in de mens zijn, zoals ik u steeds opnieuw heb uitgelegd, alle krachten aanwezig die in de aarde en ook in het heelal aanwezig zijn. De aarde heeft deze kracht weer uit het heelal. De mens heeft deze van de aarde. In de mens zit dezelfde kracht die bij de aarde dit kwartskristal naar buiten doet groeien. Hoe zit dat daarbinnen? Ja, het menselijk lichaam zit namelijk vol kwarts.

Nu zult u zeggen: 'Bliksems, wat hij ons nu weer vertelt!' Kwarts zoals men dat boven in het gebergte vindt, is een van de hardste stoffen. Daar kun je je schedel mee inslaan. Kwarts breekt nooit, maar het hoofd van de mens natuurlijk wel, als men dat probeert en met zijn schedel hard tegen het kwarts bonkt. Dus die hardheid is het meest opvallende aan kwarts. Maar de stoffen zijn niet overal zo, zoals zij zich hier of daar aan ons voordoen. In de mens komt precies hetzelfde voor, dit kwarts, maar in een meer vloeibare vorm. Waarom?

Ziet u, men kan waarnemen – en dan moet men heel nauwkeurig waarnemen door het juiste innerlijke schouwen – hoe er voortdurend iets naar beneden stroomt van het hoofd naar de ledematen van de mens [afb. 5 op blz. 101, links en midden boven]. Dat is heel interessant. Als u hier het hoofd van de mens heeft, dan stroomt voortdurend vanuit het hoofd hetzelfde naar beneden wat de aarde ooit van binnen naar buiten heeft laten stromen, en wat daar boven hard geworden is, dat zich bijvoorbeeld als kwartskristallen afzette. Dat stroomde daar vanuit het binnenste van de aarde naar buiten; en bij de mens stroomt het van het hoofd naar het hele lichaam. Dat is kwarts of kiezelzuur. Alleen laat het menselijke lichaam het kwarts geen kristal worden. Dat zou ook wat moois zijn, als wij daar van binnen helemaal opgevuld zouden zijn met alleen maar kwartskristallen. Dat zou ontzettend veel pijn doen! De mens laat het kwarts precies tot aan het punt komen waarop het zeshoekig wil worden. En daar, op dat moment, stopt het. Van daar laat hij het niet verder komen, zodat in ons lichaam alleen het begin van de kwartsvorming aanwezig is, en dan wordt er een eind aan gemaakt, dan moet het stoppen. En daarop berust nu ons leven, dat wij voortdurend van het hoofd uit naar beneden zeshoekige kristallen willen vormen, maar het niet zover laten komen, maar het stoppen. Daarbinnen willen voortdurend zulke kristallen ontstaan. Zij ontstaan echter niet echt, zij worden gestopt, en wij hebben dan om het zo te zeggen in een heel sterke verdunning kwartssap in ons.

Als wij geen kwartssap in ons hadden, dan zouden wij bijvoorbeeld zo veel suiker kunnen eten als wij wilden – wij zouden nooit een zoete smaak in de mond hebben. Dat doet het kwarts dat wij in ons hebben, maar niet door haar stoffelijkheid, maar daardoor, dat de wil daarin zit om net zo zeshoekig te worden als kristal. Dat wil het. Daar gaat het heen.

Dus u ziet dat in de aarde hetzelfde te vinden is, alleen wordt het nu verder gevoerd. De mens remt het kiezelzuur af als dat wil beginnen binnenin hem puntig te worden. De aarde laat het tot en met de puntige vorm naar boven komen. Maar de mens heeft die kracht nodig, die kracht van het kiezelzuur, het is de kracht die zeshoekige vormen voortbrengt. Deze kracht om zeshoekige vormen voort te brengen heeft de mens nodig.

Ik denk dat u niet allemaal goede landmeters bent. U bent niet allemaal even vaardig in meetkunde. Waarschijnlijk kunt u niet nu meteen zelf een kwartskristal tekenen of uit klei vormen. Maar uw lichaam is een uitstekende meetkundige, dat wil voortdurend zulke kristallen maken. Wij worden daarbij gehinderd. Maar al het leven bestaat daaruit dat wij het sterven tegenhouden, en als wij dat niet meer tegenhouden, dan sterven wij ook echt.

Nu kijken wij weer naar de bij. De bij vliegt uit, verzamelt honing. Deze honing verwerkt zij dan in haar eigen lichaam en maakt daaruit datgene wat haar eigen levenskrachten zijn. Verder produceert zij ook was. Wat doet zij toch met die was? Daaruit maakt zij zeshoekige cellen. Ziet u, de aarde maakt zeshoekige kiezelzuurkristallen. De bij maakt zeshoekige cellen.

Dat is heel erg interessant. Als ik de cellen van de bij voor u zou tekenen, of als u zich herinnert dat meneer Müller die aan u heeft laten zien, dan zien die er net zo uit als kwartskristallen, alleen zijn zij hol. Kwarts is niet hol. Maar qua vorm zijn zij precies gelijk.

Ja, kijkt u maar, heren, deze cellen zijn hol [afb. 5 op blz. 101, rechtsboven]. Maar wat komt daar dan in? Daar komt het ei van de bij in. Terwijl in het kwarts kiezelzuur zit, is het in de cel hol en juist daar komt nu het ei van de bij in. De bij wordt door dezelfde kracht gevormd als de kracht die in de aarde zit en kwarts vormt. Daar werkt het fijn verdeelde kiezelzuur. Daar zit een kracht in; natuurkundig kan deze niet aangetoond worden. Nu werkt honing zo door het bijenlichaam, dat dit met was zo'n vorm kan bouwen die de mens nu juist nodig heeft, want de mens moet deze zeshoekige ruimten in zich hebben. De mens heeft hetzelfde nodig. En omdat nu juist de bij het dier is dat het beste deze zeshoekig werkende kracht kan vormen, is de bij ook het dier dat uit alles wat er aanwezig is dát voedsel verzamelt, dat in het lichaam het beste in deze zeshoekig werkende kracht kan worden omgezet.

Ziet u, heren, als u nu bijenhoning eet, dan krijgt u in u een geweldig versterkende kracht. Want als u te zwak bent geworden om deze zeshoekkracht, die vanuit het hoofd naar het gehele lichaam moet gaan, in u te ontwikkelen, als u niet meer de kracht heeft om het bloed zo veel stevigheid te geven dat deze zeshoekkracht voortdurend aanwezig is, dan moet honing te hulp komen of bij het kind melk. Het kind heeft die zeshoekkracht nog niet; daarom moet het die nog krijgen door wat in de mens zelf nog als melk is bereid.

Vandaar dat u aan muizen zo veel caseïne, vet, suiker en zouten te eten kunt geven als u wilt – zij gaan dood. Waarom? Omdat ook het dier deze zeshoekig werkende kracht nodig heeft. Als men alleen maar caseïne, vet, suiker en zouten door elkaar mengt, dan zit de kracht die in het zeshoekige werkt daar niet in. Als men aan de muizen melk geeft, zit die er wel in. Alleen niet zo sterk dat melk als zij zuur wordt zeshoekige kristallen vormt. Als die zeshoekig werkende kracht in melk een beetje sterker zou zijn, dan zou u namelijk zure melk kunnen drinken die op de tong fijne kiezelzuurzouten zou vormen. Dat zou smaken alsof er alleen maar kleine haartjes in de melk zitten. Maar bij melk komt het niet zo ver, omdat melk afkomstig is uit het lichaam van een mens of van een dier en dan blijft zij vloeibaar. Voor een kind is dat nog voldoende, maar voor een volwassen mens is het niet meer voldoende. En het volwassen worden begint al tijdens het kind zijn. Dan moet men al met deze sterkere zeshoekig werkende kracht, die in honing zit, komen.

Dat is heel interessant: als u melk neemt, dan is die melk, ook al komt zij uit de mens voort, eigenlijk dierlijk, uit het dierlijke van de mens [afb. 5 op blz. 101, rechtsonder]. Daar is zij dierlijk. Als u honing neemt, dan komt die uit het plantenrijk, alleen via een omweg door de bij. De honing komt uit het plantenrijk, is plantaardig. Neemt u kiezelzuur, dus kwarts, dan is dat mineraalachtig. Dat heeft heel duidelijk een zeshoekige vorm. Was, die onder invloed van het voedsel van de bij in de bij zelf ontstaat, heeft ook een vorm gekregen – die is daar niet uit ontstaan, maar heeft daaruit zijn vorm gekregen – dat vormt zich in de zeshoekige cel. Melk lost die vorm alweer op. Binnenin melk vormt zich alleen maar een schaduwbeeld van zeshoekige kristallen. En dus kan men zeggen: honing is iets dat de mens het meest welkom moet zijn.

Nietwaar, men zou kunnen denken dat het ook goed zou zijn als de mens in plaats van honing kiezelzuur zou eten, want dan zou hij die zeshoekkracht ook binnen krijgen. Maar kiezelzuur heeft – doordat het zo ver doorgedreven is om tot de zeshoekige gestalte te komen, om deze kiezelzuurgestalte in zich te vormen – een te sterke uitwerking op de mens. Toch heeft kiezelzuur wel iets heilzaams.

Neemt u nu het volgende aan. Stelt u zich het volgende voor. Een arm kind heeft het niet zo goed dat het zo'n honingkuur kan krijgen, zoals die hier in het artikel wordt beschreven. Dus met 16 of 17 jaar of met 13 of 14 jaar, wat het beste is. Het gaat niet zo goed met hem. De ijzerdeeltjes in zijn bloed worden al zwakker en zwakker. Het percentage ervan in het bloed neemt meer en meer af. Het kind groeit op, wordt, laten wij zeggen, dertig jaar, is arm en een zeer zwak mens geworden. De schrijfster van het artikel beschrijft dat ook als zij zegt: 'Zij zakken in elkaar.' Nu heeft men te maken met iemand die intussen dertig jaar oud is geworden. Dan kan men heel goed een honingkuur toepassen, maar die persoon is al te veel uitgemergeld. Hij zou, opdat het hem zou helpen, zo veel honing moeten eten, dat hij ook nog eens door de honing zijn maag zou bederven. Want honing is namelijk tegelijkertijd iets dat de mens tot matigheid aanzet. Als men te veel honing eet, bederft men zijn maag.

Dat is eenvoudig te verklaren. Honing is zoet, bevat zeer veel suiker. Maar de maag heeft bij voorkeur zuur nodig, en als u te veel zoet in de maag stopt, bederft u de werking van het zuur. Dus kort gezegd: honing wil alleen in bescheiden hoeveelheden worden opgenomen. Daarom zou men aan een mens die al zo uitgemergeld is op zijn dertigste jaar zo veel honing moeten geven, wil die honingkuur echt helpen – dat zou zij ongetwijfeld doen – dat hij gelijktijdig maagverstoringen zou krijgen en vervolgens een darmaandoening. Dat kan men dus niet doen.

Maar men kan iets anders doen. Men kan zo iemand eerst sterk verdund, verpulverd kwarts, dat is kiezelzuur, als geneesmiddel geven. En als men hem als geneesmiddel sterk verdund kiezelzuur geeft, dan kan hij na enige tijd de weldaad van kleine hoeveelheden honing verdragen. Het sterk verdunde kiezelzuur heeft dan in hem de kracht opgewekt die zeshoekig werkt en dan kan een kleine hoeveelheid honing volgen. Kiezelzuur kan de wegbereider voor honing zijn.

Men kan het ook zo doen dat men voor zo iemand, die dertig jaar is geworden en uitgemergeld is vanwege zijn hemoglobinegehalte, aan honing voor een volwassene dus een beetje sterk verdund kiezelzuur toevoegt, terwijl het kinderen juist goed doet veel melk te krijgen. Dan werkt honing op de mens in.

U ziet, heren, dat men al die samenhangen moet weten, zodat men kan zeggen: 'Wat werkt dan eigenlijk door honing op de mens?' Door honing werkt deze zeshoekvormende kracht op de mens. Die zit in de bij. Dat kan men aan haar wascellen zien. En daardoor is honing juist zo'n weldaad. Daarom klopt het wat ik u vermeld heb: dat bij het kind voornamelijk de kracht van melk werkt, maar die kan men versterken met honing, en dat bij de volwassene voornamelijk de kracht van honing werkt. Maar als de mens al wat ouder is geworden, moet men de kracht van honing versterken met de kracht van kwarts, zoals ik het u heb verteld. Maar ook een kuur van honing én melk kan altijd nog helpen, omdat de krachten uit zijn vroegste jeugd nog in hem aanwezig zijn. Ook een kuur van enkel honing kan hem helpen. De weldadige werking van de honingkuur blijft onbetwist.

In de praktijk weet men dat ook heel goed, en eigenlijk zou men, door het de mensen heel duidelijk te maken, ervoor moeten zorgen dat er in de handel altijd voldoende hoeveelheden honing te verkrijgen zijn. En op dat punt laten de mensen zich nu zo gemakkelijk voor de gek houden; ik bedoel daarmee niet op een gewone criminele manier. Maar, ik zou willen zeggen, men laat zich bedriegen door culturele verhoudingen. Als u op reis bent en u verblijft in hotels en u bestelt honing, dan krijgt u meestal geen echte honing, maar suikerhoning, dus toch iets dat kunstmatig bereid is! Ja, als die lui geweten hadden dat dit niet hetzelfde is, dat er geen sprake van is dat deze zeshoekig werkende kracht daarin aanwezig is, dan hadden zij zichzelf niet wijsgemaakt dat die kunstmatige honing net zo werkt als bijenhoning. Met bijenhoning zou u natuurlijk ook muizen kunnen voeren. Dat zou hun heel goed smaken. Maar van deze kunstmatige honing zouden zij snel te gronde gaan, hoewel niet binnen een paar dagen.

Dit is wat ik naar aanleiding van het artikel over honing-melkkuren wilde zeggen.

Nu is mij nog een andere interessante vraag gesteld, waarover ik ook graag wil spreken. Ik wil horen wat u evenals de heer Müller daarover te zeggen heeft. U zult zien dat er nog zo veel vragen rijzen, dat het wel de moeite waard is om daar ook de volgende keer nog over te discussiëren. U kunt dan uw vragen stellen en meneer Müller of ikzelf zullen antwoord geven. Ik wil nu nog kort op twee dingen ingaan. Het zal u misschien een beetje vreemd lijken, maar ik ben eigenlijk erg benieuwd wat u ervan zult zeggen.

Schriftelijke vraag van R. Hahn: Bij vanouds bestaande imkerkringen onder boeren is men ervan overtuigd dat tussen de 'bijenvader' en zijn 'pupillen' bepaalde zielsverbanden bestaan. Zo zegt men: als de 'bijenvader' sterft, moet zijn dood ogenblikkelijk aangezegd worden aan elk bijenvolk afzonderlijk. Gebeurt het aanzeggen niet, dan sterven alle volken in de loop van een jaar. Dat er een bepaald zielsmatig contact tussen beide bestaat, blijkt uit ervaring. Als men met de bijen wil gaan werken en men een zielestemming heeft van ergernis of van kwaadheid, dat men veel meer door bijen gestoken wordt dan wanneer men datzelfde werk verricht in een rustige, harmonische zielestemming. Kan er iets wezenlijks ten grondslag liggen aan de bovengenoemde opvatting van de oude imkers?

Dr. Steiner: Nu zou het interessant zijn als meneer Müller in eenvoudige bewoordingen wil zeggen of hij dergelijke zaken uit de lucht gegrepen vindt. Zulke gebruiken als het aanzeggen van de dood bestaan immers bij de boerenimkers, nietwaar. Maar ik bedoel nu het zielecontact, deze verhouding tussen de 'bijenvader' en de bijen. Misschien kan meneer Müller daarover iets zeggen.

Meneer Müller vertelt over twee gevallen in Bazel en in Zürich, die hierop betrekking hebben. In een gezin was de vrouw overleden. Zij had altijd heel veel met de bijen gewerkt en binnen een jaar stierven alle bijenvolken. Een ander geval dat zich in Bazel afspeelde, waar ook een vrouw was gestorven die zich veel aan de bijen gelegen had laten liggen, verliep precies zo. Het betrof een grote bijenstand, binnen een jaar waren er van de achtentwintig volken nog maar zes over. Hoe dat met de tijd en/of met de bijen samenhangt kan men niet verklaren. In het ene geval bleek niets van een ziekte onder de bijen; misschien ging het toch om een zielsmatige verhouding.

Dr. Steiner: Ik herinner u aan iets dat ik u al eens verteld heb over de betrekking tussen mens en dier. U heeft het misschien gehoord, ik heb het u al eens genoemd. Enige tijd geleden was er sprake van paarden die zogenaamd konden rekenen, paarden waaraan bijvoorbeeld werd gevraagd: 'Hoeveel is vier plus vijf?' Dan telde men: één, twee, drie, vier, vijf, zes, zeven, acht, negen – het paard stampte met zijn voet. De paarden maakten nogal moeilijke rekensommen. U heeft misschien gehoord dat vooral de rekenende paarden van Elberfeld beroemd zijn geworden. Er reisden commissies heen en onderzochten het geval, enzovoort. Zelf heb ik de paarden uit Elberfeld niet gezien, maar ik heb een ander paard gezien, het zogenaamde rekenpaard van de heer von Osten[13] dat net zo goed kon rekenen. En in dat geval kon men heel precies waarnemen wat daar eigenlijk aan de hand was.

De mensen hebben zich natuurlijk enorm het hoofd gebroken over die rekenende paarden. Het zou ook iets verschrikkelijks zijn als paarden plotseling beginnen te rekenen. En zij rekenden zo snel dat de rekenmachine bijna voor schut stond. Welnu, heren, als zoiets zou worden overgenomen door de pedagogiek en men de paarden echt zou kunnen leren rekenen, dan zou dat een hevige concurrentie worden met de boekhouders en met al die mensen die met rekenen hun brood moeten verdienen! Het is dus een ernstige zaak, die rekenende paarden.

Maar juist de wetenschap heeft zich in het geval van de paarden ongelofelijk geblameerd. Het spreekt natuurlijk eigenlijk vanzelf. Een paard kan natuurlijk niet echt rekenen en men moet uitzoeken hoe het komt dat het paard bij negen stampt. Het is natuurlijk volkomen waanzin om te geloven dat het paard kan rekenen. Ook privaatdocent Pfungst, die zich heel geleerd met de zaak heeft beziggehouden, wist dat het paard niet kan rekenen. Maar hij heeft een theorie geformuleerd. Hij zei: 'Deze meneer von Osten maakt telkens als hij telt een kleine gelaatsuitdrukking, en de lijnen op het gezicht, die gelaatsuitdrukking, neemt het paard waar. En afhankelijk van de gelaatsuitdrukking stampt het.' Toen heeft hij wel meteen de bedenking gemaakt: 'Ja, eigenlijk moet ik er dan bij gaan staan en de heer von Osten aankijken en op de gezichtsuitdrukking letten die het paard ziet, waarop het stampt.' Hij is er ook bij gaan staan, maar zag niets. Toch gaf hij zijn theorie niet op, maar hij zei: 'Die gelaatsuitdrukking is zo minimaal dat ik het niet kan zien, maar het paard wel.' Welnu, heren, daaruit volgt dat een rijpaard meer kan zien dan een privaatdocent. Verder niets.

Maar zo was het niet. Als men nu geesteswetenschappelijk geschoold is en dan zoiets bekijkt, dan zou men geen waarde hechten aan de een of andere kleine gelaatsuitdrukking. Maar de zaak verliep zo: aan de ene kant stond het paard, daar stond de heer von Osten en had het paard losjes aan de teugel. En in de rechterzak van zijn jas had meneer von Osten alleen maar suikerklontjes. En nu gaf meneer von Osten telkens suikerklontjes aan het paard. Dat likte er aan, vond die lekker zoet en was erg gesteld op meneer von Osten. De liefde voor zijn baas groeide met de suikertjes en zo ontstond er een zeer hartelijke verhouding tussen het paard en meneer von Osten. En meneer von Osten hoefde helemaal zijn gezicht niet te vertrekken, maar hoefde alleen maar te denken: 'Bij negen is het antwoord goed,' Dat merkte het paard, omdat dieren een veel fijnere gewaarwording hebben voor wat er om hen heen gebeurt. Zij merken wat er in het hoofd gebeurt, ook als er geen enkele verandering op het gezicht is die een paard zou kunnen zien en een mens niet. Het paard merkt wat er in de hersenen omgaat; als hij denkt: 'negen', dan stampt het paard. Als het paard geen suiker had gekregen, dan zou de liefde bij het paard een beetje in haat zijn veranderd en dan had het niet meer gestampt.

Dus u ziet wel dat bij het dier een zeer fijn gevoel bestaat voor dingen, niet voor kleine gelaatsuitdrukkingen, maar voor dingen die feitelijk niet zichtbaar zijn, dus bij het paard Hans voor dat wat zich in de hersenen van de heer von Osten afspeelt. Zulke dingen moet men juist waarnemen; dan weet men dat de dieren inderdaad wonderbaarlijk voelen.

En stelt u zich nu eens voor dat u in een bijenzwerm terechtkomt en dat u zich wanhopig angstig voelt. Ja, dat voelen de bijen, dat u bang bent, dat valt niet te ontkennen. Wat betekent dat: u bent bang? U weet dat als men bang is, men dan bleek wordt. Van angst wordt men bleek. En als men bleek wordt, trekt het bloed zich terug. Het gaat niet naar de buitenzijde, naar de huid. Als een bij nu in de buurt van een mens komt die bang is, dan voelt de bij, meer dan wanneer het bloed wel in de huid komt, de werking van de zeshoekige kracht en wil graag de honing of de was uit u halen. Terwijl wanneer de mens rustig zijn gang gaat en zijn bloed gelijkmatig door de aderen stroomt, de bij iets heel anders merkt. Dan merkt zij dat het bloed dezelfde zeshoekig werkende kracht heeft.

Stelt u zich nu voor dat een mens kwaad is, kwaad naar de bijen gaat. En wie boos is, wordt rood. Dan stroomt er veel bloed heen; het bloed wil de zeshoekig werkende kracht opnemen. De bij bemerkt dat met haar fijne gevoel en meent dat u haar van die kracht wilt beroven en zij steekt u. Het zijn heel fijne gevoelens voor natuurkrachten die daar een rol spelen, die daarin aanwezig zijn.

En daarbij komt dan nog de gewenning. Een imker – dat moet u wel bedenken –, een bijenvader gaat niet als de eerste de beste mens naar het bijenvolk, maar de bijen voelen – als ik dat zo mag zeggen – de hele uitwaseming, zij voelen hoe zijn stemming is. Daaraan raken de bijen gewend. Als hij sterft, dan moeten zij aan iemand anders wennen. En dat betekent voor bijen enorm veel. Denkt u maar eens aan wat u zelfs bij honden kunt zien. Als de baas was gestorven – dat is al voorgekomen – gingen de honden op het graf zitten en stierven daar, omdat zij niet aan een andere baas konden wennen. Dus waarom zou men bij de bijen, die toch zo'n fijn chemisch zintuig hebben, niet kunnen veronderstellen dat zij alles waarnemen, dat zij zó gewend zijn geraakt aan hun bijenvader dat zij niet zo gauw aan een andere imker kunnen wennen? Hier ligt ook iets heel belangrijks aan ten grondslag.

Nu kunt u vragen: 'Is dat dan bij honden en paarden net zo als bij deze heel kleine diertjes, de insecten?' Welnu, u heeft het waarschijnlijk niet waargenomen, maar desondanks is het juist. Er zijn mensen, die – zo zegt men – een bijzonder gelukkige hand hebben voor het kweken van bloemen. Alles gedijt bij hen als zij een bloementuin en planten hebben, enzovoort. Een ander doet het op dezelfde manier – maar het wordt niets. Dat is de uitwaseming die van de mens uitgaat, die bij de ene mens gunstig op bloemen werkt en bij anderen ongunstig. Bij velen lukt het helemaal niet om planten in bloei te krijgen. En dat ongunstige werken treft vooral de kracht in de bloem die de honing maakt, de kracht die de bloem zoet maakt. En men kan dus zeggen: de mens werkt zelfs op de bloemen, en in nog veel sterkere mate werkt hij juist op de bijen.

Men hoeft zich daar dus niet over te verwonderen, maar men moet alleen de feiten die tevoorschijn komen combineren. Dan ziet men wel dat de zaken ook werkelijk zo kunnen zijn. Men kan er dan ook in de praktijk rekening mee houden.

Vraag: Een oude regel bij de boeren luidt: als het op 3 mei, de dag van de Kruisvinding[14] regent, dan spoelt de honing uit de bloemen en van de bomen, zodat er in dat jaar geen honingopbrengst is. Mijn waarnemingen in de laatste vier jaren schijnen erop te wijzen dat er iets klopt van deze regel. Is dat eigenlijk mogelijk?

Dr. Steiner: Ja, heren, dat is iets dat ons heel diep in de werkingen van de natuur voert. Ziet u dat het juist de dag van de Kruisvinding is, dat het precies 3 mei is, dat is niet zo belangrijk. Maar het doet er wel toe dat het deze tijd van het jaar is, die vooral in deze dagen werkzaam is. Wat betekent het vervolgens dat het in deze tijd, begin mei, regent? Ik heb u al eens verteld dat het lentepunt, het begin van de lente, nu in het sterrenbeeld Vissen ligt [afb. 4 op blz. 100, linksboven]. In het sterrenbeeld Vissen blijft de zon tot ongeveer 23 april. Dan komt de zon bij haar omloop in het sterrenbeeld Ram. De zonnestralen komen dus begin mei uit een heel andere hoek van de kosmos dan in de rest van het jaar. Laten wij aannemen dat het begin mei, dus op 3 mei, mooi weer is. Wat betekent dat? Dat betekent dat de zon op 3 mei sterk op al het aardse inwerkt. Alles wat er op aarde gebeurt, staat onder invloed van de kracht van de zon als het mooi weer is. Wat betekent het nu als het op 3 mei, dus begin mei, regent? Dat betekent dat de aarde het sterkste is en de werking van de zon verjaagt.

Dat heeft allemaal echter een enorme betekenis voor de hele plantengroei. Als de kracht van de zon juist op het tijdstip dat de zonnestralen uit het gebied van de Ram komen, zo kan werken, dat zij al haar kracht op de bloemen kan richten, dan ontwikkelen de bloemen deze zoete substantie, die via honing tevoorschijn komt. Dan vinden de bijen honing. Maar als de aarde de grootste kracht heeft als het die periode regent, dan kunnen de bloemen zich niet onder de zonnestralen, die vanuit Ram komen, ontwikkelen, maar zij moeten wachten tot later, of hun ontwikkeling wordt onderbroken. Dan ontwikkelen de bloemen niet zoals gewoonlijk honing en dan vinden de bijen geen honing.

Juist zoiets wordt begrijpelijk, als men weet dat alles wat zich op aarde afspeelt, zoals ik u herhaaldelijk heb gezegd, onder invloed van het heelal staat, van wat buiten de aarde ligt. Regen betekent zelfs dat de kracht van de zon wordt verjaagd. Mooi weer wil zeggen dat de zon ten volle haar kracht kan ontplooien. En het is van belang, niet dat in het algemeen de zonnekracht komt, maar dat de kracht van de zon nu precies uit die richting komt, niet waar wij nu heen kijken, maar precies uit de richting van de Ram. Uit iedere richting komt de kracht van de zon weer anders. De zon kan het niet alleen, maar het gaat erom dat de zon op de aarde schijnt en dat daarachter in het heelal de Ram staat. Wat de Ram aan de zon geeft, dat neemt de zon eerst op en dan geeft zij het door als zonnestralen. Het is heel wat anders of de zon begin mei of eind mei haar stralen naar de aarde zendt. Begin mei werkt immers nog de volle kracht van de Ram [afb. 5 op blz. 101, midden]. Eind mei werkt al de kracht van de Stier. Dan komt er iets wat niet meer met dezelfde kracht op de planten kan werken, wat de planten verhardt, doet verdrogen, wat met name bewerkt dat deze kracht tot het vormen van honing in de planten zich niet meer kan ontwikkelen.

Zo is iets uit de oude boerenregels tevoorschijn gekomen dat zo zijn achtergronden heeft en men moet daar wel degelijk rekening mee houden. Natuurlijk is – dat heb ik al eens gezegd – het bewustzijn voor dergelijke dingen verloren gegaan en daardoor zijn wij tot bijgeloof vervallen. En natuurlijk kan men, als men niet meer kan onderscheiden, tot bijgeloof vervallen. Dan hebben die boerenregels ongeveer dezelfde waarde als: 'Kraait de haan op de mesthoop, dan verandert het weer of het blijft zoals het is.' Maar dat is niet met alle regels het geval, want veel berust op diepe wijsheid, en die moet men dan uitzoeken. De boeren die de boerenregels toegepast hebben, hebben daarmee dikwijls zeer goed geboerd! U ziet dus dat een diepere beschouwing weer ertoe leidt, dat men de boerenregels weer kan toepassen.

Komende woensdag gaan we verder.

Vierde voordracht

Dornach, 5 december 1923

Over de honing

Meneer Erbsmehl wijst erop dat de bijenvader bij de huidige bijenteelt in de eerste plaats let op de rentabeliteit. Het gaat dus alleen maar om het materiële. In de *Schweizerische Bienenzeitung*, nummer 10 van oktober 1923, staat: 'Honing is voornamelijk een luxeartikel, en degenen die dat kopen, kunnen een goede prijs betalen.' Verderop wordt in hetzelfde nummer een voorbeeld gegeven: een zekere Baldensberger,[15] die door Spanje reisde, trof bij een imker een paar kerngezonde kinderen aan; op de vraag aan wie hij de honing verkocht, antwoordde hij: 'Dit zijn mijn klanten.'

Hier in Europa is men erop uit zo veel mogelijk op honing te verdienen. Een ondernemer die veel arbeiders in dienst heeft, let erop dat hij er zoveel mogelijk uithaalt. Zo is het ook met de bijen.

Verder wordt er gevraagd of er iets waars zit in de bewering dat het maanlicht een bepaalde invloed heeft op de vorming van honing of van nectar in de bloemen (nummer 11 van de Schweizerische Bienenzeitung).

Meneer Müller antwoordt dat meneer Erbsmehl toch in het imkertijdschrift kan lezen dat het over een kleine imker gaat, die zijn honing niet doorverkoopt. Erbsmehl weet blijkbaar nog niet wat bijenteelt tegenwoordig inhoudt en wat er allemaal mee samenhangt, en dat men daarom ook moet rekenen. Als men geen rekening houdt met de rentabiliteit, zoals men dat in andere gevallen ook doet, dan moet men de bijenteelt opgeven. En de honing zou, als men die niet door middel van kunstmatige teelt wist te winnen, helemaal niet in deze mate beschikbaar zijn. Men oogst vaak maar 1 tot 2 kilo honing, soms ook nog wat dennenhoning, die men uit de korf moet nemen om de volken gezond te houden. Dat is alles. Vervolgens komt er een slecht jaar en hebben de volken niet voldoende tot april, mei. Volken die in leven blijven, moet men met behulp van kunstmatige bijvoeding – suiker, kamillethee, tijm en een beetje zout erbij – erdoorheen halen. De uren worden op de moderne bijenstand heel precies genoteerd, dus hoeveel tijd de imker erin heeft gestoken. Is dat vijf en een half uur – per uur wordt een à anderhalve frank gerekend – dan zal de honing zeven frank moeten opbrengen. Men moet ook met de afschrijvingen rekening houden. De raat gaat bijvoorbeeld verloren, of men moet iets vervangen. De onderneming moet toch renderen. Als de imker altijd op het oude standpunt blijft staan, komt hij niet verder. Meneer Erbsmehl kan het zich veroorloven, maar als ik een grote stand heb, moet ik rekenen en zeggen: bij een prijs van zes frank verlies ik erop. De Amerikaanse imkers nemen hetzelfde standpunt in.

De spreker kan niet begrijpen dat over tachtig of honderd jaar de volken zouden wegkwijnen. Hij begrijpt ook niet goed wat dr. Steiner bedoelt met 'over vijftig of honderd jaar kan de kunstmatige bijenteelt in moeilijkheden geraken'.

Met betrekking tot het tweede punt, het aanzeggen van de dood van de bijenvader aan zijn bijen, heeft hij er ook al op gewezen dat het grootste deel van een bijenstand na de dood van de imker is gestorven. Hoe dat komt is hem niet duidelijk.

Wat betreft de niet echte bijenhoning in hotels, wijst hij erop dat eersteklas hotels vaak Amerikaanse honing kopen. Als bijen met die honing worden gevoerd, gaan zij dood. En toch is dat ook een product van de bijen.

Dan over het steken van de bijen. Zweet is voor de bijen het ergste wat er is. Als men fluitende of zoemende geluiden hoort, is het raadzaam om te blijven staan.

Ten aanzien van de vraag in hoeverre een bijensteek invloed op de mens kan hebben is mij een voorbeeld bekend dat ik vertellen wil. Een krachtige man, nog sterker dan meneer Binder, werd door een bij gestoken. Hij riep: 'Hou me vast, ik ben door een bij gestoken!' Hij was er bijzonder gevoelig voor. Het was iemand met hartklachten. Misschien kan dr. Steiner nog vertellen in hoeverre een bijensteek echt gevaarlijk kan zijn.

Zo zegt men bijvoorbeeld: 'Drie steken van een hoornaar doden een paard.' Enige tijd geleden vond ik in mijn bijenstal een hoornaarnest. Ik had het broed weggenomen. De hoornaars waren zo laf, dat zij in het donker niet staken; buiten hadden zij dat misschien wel gedaan.

Dr. Steiner: Laten wij om te beginnen, opdat wij zo rationeel mogelijk over de dingen spreken, ingaan op het herkennen van de bijenvader door de bijen.

U heeft een oordeel uitgesproken, dat, zolang men verstandelijk naar de zaak kijkt, natuurlijk heel gerechtvaardigd is. Maar nu wil ik u iets vertellen. Stelt u zich voor dat u een vriend heeft; stel die leert u in 1915 kennen. Die vriend blijft hier in Europa en u gaat naar Amerika en komt in 1925 terug [afb. 6 op blz. 101, links]. Die vriend woont bijvoorbeeld in Arlesheim. U gaat naar Arlesheim, ontmoet die vriend en herkent hem. Maar wat is er in die tussentijd gebeurd? Ik heb immers uiteengezet dat de stof, de materie, de substantie die in het menselijk lichaam zit, na zeven, acht jaar volledig vervangen is. Daar is niets meer van over, zodat dus deze vriend, als u hem na tien jaar terugziet, niets in zich heeft, echt helemaal niets van dat wat u tien jaar geleden materieel aan hem heeft gezien. En toch heeft u hem herkend. En als wij hem van de buitenkant bekijken, dan ziet hij er in elk geval, zoals u weet, als een samenhangend geheel uit. Zo ziet hij eruit. Maar als u hem nu door een voldoende sterk vergrootglas zou bekijken, die vriend, dan zou u het volgende zien. In zijn hoofd loopt een ader. Ja, prachtig, deze ader ziet er zo uit als men haar met het blote oog of met een niet al te sterk vergrootglas bekijkt. Maar als men een zeer sterk vergrootglas zou nemen, dan ziet dat bloed er niet meer zo uit. Dan bestaat het uit louter kleine puntjes, die eruitzien als diertjes [afb. 6 op blz. 101, rechtsboven]. Maar die puntjes zijn niet in rust, die trillen voortdurend. En als u dat ziet, dan lijkt het verduiveld veel op een zwermende bijenzwerm!

De mens ziet er namelijk naar zijn werkelijke bestanddelen, als men die voldoende vergroot, precies zo uit als een bijenzwerm. Als men dat begrijpt, dan zou het eigenlijk iemand onbegrijpelijk moeten voorkomen dat een mens een ander na tien jaar herkent, want niet één van die beweeglijke puntjes bestaat nog. Zijn ogen hebben heel andere puntjes. Daarbinnen zitten nu heel andere diertjes, en toch herken je die mens weer.

Dus is het absoluut niet noodzakelijk dat die afzonderlijke diertjes en plantjes waaruit wij bestaan het voor elkaar krijgen dat wij elkaar herkennen. Maar de hele mens wordt weer herkend. En het bijenorganisme is niet alleen maar vele duizenden bijen, maar een bijenorganisme is één geheel, één volledig wezen. Wat men herkent of niet herkent, is het gehele bijenorganisme.

Als u in plaats van vergrootglazen verkleinglazen neemt, dan zou u al die bijen bij elkaar kunnen brengen en ze tot een geheel kunnen maken, zoals de spier van een mens. Dát is het dus, wat men bij de bij goed in de gaten moet houden, dat men daar niet met losse bijen te maken heeft, maar dat men te maken heeft met iets dat absoluut bij elkaar hoort, dat één geheel is. En dat kan men met het gewone verstand niet vatten. Dan moet men al in staat zijn het geheel als zodanig te bezien. En daarom is juist datgene wat een bijenorganisme nog meer is, zo bijzonder leerzaam, omdat het bijenorganisme alle overwegingen die wij maken weerlegt. Die overwegingen zeggen ons eigenlijk altijd dat het anders moet zijn. Maar in het bijenorganisme spelen zich de wonderbaarlijkste dingen af. Het gaat er niet zo aan toe als wij ons dat met ons verstand bedenken. Dus wat daar gebeurt, dat werkelijk deze verandering, de dood van de bijenvader, op het bijenorganisme een bepaalde invloed heeft, dat valt niet te ontkennen. Die invloed bestaat. Dat is een ervaringsfeit. Wie werkelijk niet alleen maar met één enkele bijenstand te maken heeft gehad, maar veel bijenstanden heeft gezien, die neemt dat al waar.

En ik kan u vertellen, dat ik bijvoorbeeld al toen ik een knaap was, in de meest verschillende opzichten met de bijenteelt vertrouwd raakte en ik kon mij daar toen al diepgaand mee bezighouden, alleen al daarom, omdat mij toentertijd de financiële kant, de economische vragen, de wetenschappelijke vragen, juist op het gebied van de bijenteelt veel minder interesseerden dan tegenwoordig of later in mijn leven, en wel daarom, omdat honing toen al zo duur was, dat wij, gezien de armoedige omstandigheden thuis, geen honing konden kopen. Wij kregen die namelijk altijd van de buren cadeau, meestal met Kerstmis, en wij kregen zo veel, ook later in het jaar nog, dat wij het gehele jaar honing in huis hadden. De honing werd verdeeld. Dus interesseerde de economische kant mij helemaal niet zo, omdat ik in mijn jongensjaren verschrikkelijk veel, zo veel als nodig was, honing heb gegeten, die wij ten geschenke hadden gekregen. Hoe kon dat? Tegenwoordig zou men onder dergelijke omstandigheden helemaal niet zo makkelijk honing ten geschenke krijgen. Maar in die tijd waren in de omgeving van mijn ouderlijk huis de imkers hoofdzakelijk boeren en die hadden de bijenteelt in het landbouwbedrijf opgenomen.

Dat is dus iets heel anders dan wanneer enkele heren een bijenstand beginnen en verder als arbeiders van hun loon moeten rondkomen. In een landbouwbedrijf worden bijen gehouden zonder dat men het eigenlijk merkt. Daar wordt naar de arbeidstijd om het zo te zeggen helemaal niet gekeken, want dat is iets waar ruimte voor is. Juist in het boerenbedrijf is het zo dat er altijd ruimte is, men spaart ergens anders wat tijd uit, of een andere werkzaamheid wordt op een later moment gedaan, enzovoort. In elk geval gaat de honing tussen de bedrijven door en men stelde zich dat eigenlijk zo voor: de honing is iets zo waardevols, dat die eigenlijk onbetaalbaar is. En dat is in zekere zin ook eigenlijk juist, omdat het echt zo is dat onder de huidige omstandigheden de prijs van alles wat er maar is met verkeerde prijsverhoudingen te maken heeft. Tegenwoordig moet men maar helemaal niet over de prijsverhoudingen beginnen te discussiëren, want op alle gebieden heersen verkeerde prijsverhoudingen. Men moet juist op een veel omvattender manier vanuit landelijk economisch gezichtspunt over de prijs discussiëren. Het heeft niet veel zin als men over de prijs van de verschillende levensmiddelen discussieert, en honing is een levensmiddel, niet alleen een genotmiddel of een luxeartikel. In een gezond sociaal stelsel zou ook vanzelfsprekend een gezonde prijs voor honing tot stand komen. Daar bestaat geen twijfel over.

Doordat wij echter tegenwoordig allerminst onder gezonde sociale omstandigheden leven, vallen alle vragen binnen een ongezonde situatie. Ziet u, als u tegenwoordig op een groot landgoed komt, dan gaat dat zo. Ja, heren, wat de rentmeester vertelt – in de regel is dat geen boer, maar een economisch administrateur op grote landgoederen – wat hij u vertelt over de hoeveelheid melk die hij van zijn koeien krijgt, dat is afschuwelijk. Hij krijgt zo veel liter melk per dag, dat, wie de aard van de koe kent, weet: het is onmogelijk, om zo veel melk van een koe te krijgen. Maar men krijgt die toch! Men krijgt die absoluut toch. In veel gevallen is het zo, dat bijna het dubbele uitgemolken wordt van wat een koe als melkproductie eigenlijk kan geven. Daardoor wordt de boerderij enorm winstgevend, dat spreekt vanzelf. En men kan niet eens zeggen dat duidelijk te merken is dat die melk niet evenveel kracht heeft als melk die onder natuurlijke omstandigheden wordt verkregen. Dus kan men aanvankelijk zelfs helemaal niet bewijzen dat daar iets ernstigs aan de hand is.

Maar ik wil u als voorbeeld het volgende zeggen. Wij hebben onderzoek gedaan met een middel tegen mond- en klauwzeer bij runderen,[16] zoals wij in de laatste jaren veel van dergelijke onderzoeken hebben gedaan. Deze onderzoeken hebben plaatsgehad op grote boerenbedrijven, maar ook bij kleine boeren, waar de melkopbrengst van de koeien niet zo hoog is geworden als op de grote boerenbedrijven. Wij konden natuurlijk heel wat ontdekken, omdat we immers moesten nagaan hoe het middel bij mond- en klauwzeer werkt. Er is geen resultaat geboekt, omdat de mensen er officieel niet op in wilden gaan en omdat men tegenwoordig allerlei vergunningen nodig heeft, enzovoort. Maar het middel werkte uitstekend. En met een kleine wijziging wordt het ook met een uitstekend resultaat gebruikt in middelen als het zogenaamde 'Staupe-Heil', het middel tegen hondenziekte.

Als u deze proeven doet, dan vindt u het volgende. U ziet dan dat kalveren die van koeien komen die te sterk gefokt worden op een grote melkgift, wezenlijk zwakker zijn. Dat kunt u aan de werking van het geneesmiddel zien. Bij die kalveren is de werking of het uitblijven daarvan veel sterker. Het kalf groeit op als het niet aan mond- en klauwzeer te gronde gaat. Maar een kalf dat afstamt van een koe die overvoerd wordt en die zo gedwongen wordt zo veel melk te geven, zo'n kalf is al zwakker dan kalveren die afstammen van koeien die minder gefokt worden op melk. U kunt dat bij de eerste, tweede, derde, vierde generatie waarnemen. Dan is het zo weinig, dat het nauwelijks opgemerkt wordt. Dit fokken op melk bestaat nog maar kort; maar één ding weet ik heel zeker: als men zo doorgaat, als een koe meer dan dertig liter melk per dag moet geven, als men zo doorgaat met ze te mishandelen, dan gaat de hele melkveehouderij op den duur absoluut te gronde. Daar is niets aan te doen.

Welnu, zo ernstig ziet het er bij de kunstmatige bijenteelt natuurlijk niet uit, nietwaar, omdat de bij een dier is dat altijd weer zichzelf weet te helpen, omdat zij ook veel dichter bij de natuur staat dan voor de koe mogelijk is, als die zo gefokt wordt. Het zou nog niet zó ernstig zijn als de koeien, die mishandeld worden voor een hogere melkgift, tenminste nog in de wei kwamen. Maar dat gebeurt op deze grote boerenbedrijven ook al niet meer. Daar wordt alleen nog op stal gevoerd. De koe wordt helemaal uit haar natuurlijke omgeving losgerukt.

Dat kan men bij de bijenteelt niet voor elkaar krijgen. Door haar aard blijft de bij samen met de haar omringende natuur. Zij helpt dus wederom zichzelf. En dit helpen, dit zichzelf helpen is bij een bijenorganisme als zodanig iets absoluut wonderbaarlijks. Nu komen wij bij wat meneer Müller heeft gezegd over de hoornaars, die hij soms in zijn bijenstal vindt, en die hem niet steken, terwijl toch anders een ontmoeting met een hoornaar een ernstige zaak kan zijn.

Daar wil ik nog iets aan toevoegen. Ik weet niet of het u al eens overkomen is – de imkers onder u zullen het weten – maar het kan gebeuren dat u op een gegeven ogenblik gedwongen bent een bijenkast leeg te maken. Ja, ziet u, toen heb ik eens gezien dat in zo'n lege bijenkast iets vreemds lag, een soort knol [afb. 6 op blz. 101, rechts]. Men wist aanvankelijk niet wat het eigenlijk was. De bijen hadden, naar het scheen zonder reden, zo'n knol gemaakt. Uit van alles, uit dat waar zij ook alle andere dingen van maken, hadden zij zo'n knol gemaakt. Deze zag er eenvoudig uit als een grote steen, gemaakt van allerlei soorten hars, pek, een lijmachtige substantie – dat brengen de bijen ook allemaal mee – uit was, enzovoort. Daarvan hadden zij een grote knol gemaakt. Ja, heren, ik was zo nieuwsgierig om te zien wat daar aan de hand was, dat ik die knol heb opengemaakt – nou zeg, daar zat een dode muis in, een echte dode muis!

Die muis was de bijenkast binnengekomen, was daarin gestorven, en u moet zich eens voorstellen wat voor een afschuwelijke zaak de stank van dat muizenlijk voor de bijen zou zijn! Toen heeft het hele bijenvolk instinctief voor dit uitzonderlijke geval deze dode muis met een schil omgeven. Toen die schil uit elkaar werd gehaald, stonk het verschrikkelijk, maar daarvóór was de stank in die schil opgesloten. U ziet dat in zo'n bijenorganisme niet alleen het instinct leeft om cellen te bouwen en de jonge dieren te voeren, maar ook het instinct te weten wat te doen als er – wat niet gebruikelijk is – een muis binnenkomt. En omdat de bijen niet in staat waren om die dode muis naar buiten te brengen, hielpen zij zichzelf en maakten er een schil omheen. Van anderen heb ik gehoord dat met name slakken, naaktslakken, die op een dergelijke manier in het volk terechtkomen, worden ingepakt. In het bijenvolk leven niet alleen de normale instincten, maar ook echt genezende instincten. En die werken bijzonder goed.

Als nu in een bijenkast een hoornaarnest zit, dan maken de bijen niet zo'n stevig bouwsel, maar zij omgeven de hoornaars voortdurend met hun gif, en daardoor verliezen de hoornaars al hun energie, al hun kracht. Zij kunnen niet in actie komen. Net zoals de muis, de dode muis daarbinnen geen stank meer naar alle kanten verspreidt, leeft de hoornaar, ook al is zij niet ingepakt, toch voortdurend in een walm waarmee zij door de bijen wordt omgeven, met het doel haar te verzwakken, zodat zij de bijen niets meer kan doen. Zo verliest de hoornaar al haar kracht, al haar energie, en kan zich niet meer verweren als iemand in de buurt komt.

Het is al zo dat men er met betrekking tot de bijen alleen uitkomt, als men boven het gewone verstand uitgaat en met een zekere innerlijke blik de zaken feitelijk uitwerkt. En dat innerlijke beeld is heel wonderbaar. En daarom moet men ook zeggen: het bijenorganisme is absoluut één geheel. Het moet gezien worden als een eenheid. Maar bij zo'n eenheid treedt de beschadiging nooit op het ogenblik zelf aan het licht.

Wie de mens goed kent, kan bijvoorbeeld zeggen: een of ander mens is op zijn vijfenzestigste, zesenzestigste nog tamelijk flink; een ander is niet meer zo flink, omdat hij aan inwendige verkalking van de bloedaderen enzovoort lijdt. Zoiets waar te nemen en het dan in verband te brengen met wat er in de jeugd bij deze mens is gebeurd, dat is buitengewoon interessant.

Men kan aan een kind bijvoorbeeld melk geven van koeien die te veel voedsel afkomstig van kalkgrond opnemen. Daardoor krijgt het kind al met de koemelk, waarmee het gevoed wordt, iets van die kalkgrond binnen. Dat is misschien niet meteen te merken. En nu komt er een of andere reguliere arts, krijgt zo'n kind te zien dat met koemelk is opgegroeid van de kalkgrond, en een ander kind dat met moedermelk is opgegroeid, en hij zegt: 'Dat maakt helemaal niets uit,' of iets dergelijks. Maar het kind dat met moedermelk is opgegroeid, is op zijn vijfenzestigste, zesenzestigste jaar nog flink; het kind dat met koemelk is grootgebracht verkalkt op vijfenzestig-, zesenzestigjarige leeftijd! Dat komt doordat de mens één geheel is, en wat in een bepaalde periode is gebeurd, werkt nog veel later na. Iets kan in een bepaalde periode heel gezond zijn, toch werkt het na. En dát bedoel ik nu juist als ik zeg: men kan op grond van de huidige situatie absoluut geen conclusies trekken over de vraag of de kunstmatige bijenteelt iets betekent of niet. Dat moet men over vijftig, zestig of desnoods honderd jaar bekijken. Dat iemand op het ogenblik zegt: 'Dat kan ik niet volgen, dat het over vijftig, zestig of honderd jaar veranderd zal zijn,' dat is heel begrijpelijk. Dat men dat op het ogenblik helemaal niet wil inzien, dat is net zoiets als wat mij eens op een landgoed overkwam. U kunt er zeker van zijn: ik ben eens in alle goedmoedigheid bijna doodgeslagen, toen ik daar erover begon te spreken dat men op een landgoed niet zo veel melk moest produceren, omdat het fokken van koeien er sterk onder zou lijden en met een kwart eeuw ten einde zou zijn.

Men kan vandaag de dag niets tegen de kunstmatige bijenteelt inbrengen, omdat wij nu eenmaal in omstandigheden leven waarin op sociaal gebied niets kan worden ondernomen. Maar er moet wel worden ingezien dat het verschil maakt of men de natuur haar loop laat, en haar in juiste banen leidt, of dat men iets kunstmatigs invoert. Maar ik wil allerminst in opstand komen tegen wat meneer Müller heeft gezegd. Dat is allemaal juist: men kan het nu nog niet vaststellen, maar men moet dat opschorten. Laten wij elkaar over honderd jaar weer spreken, meneer Müller, en wij zullen zien hoe u er dan over denkt. Dit is iets wat vandaag niet uitgemaakt kan worden. Dat is nu eenmaal zo.

Mijnheer Erbsmehl wijst er nog eens op dat het de huidige imkers alleen maar om winst gaat.

Dr. Steiner: Telkens als u iemand tegenkomt die de bijenteelt daarnaast beoefent, kunt u zeker zijn dat hij meer de opinie huldigt van die Spanjaard waarover u heeft verteld. Dat wil zeggen, op het ogenblik is het misschien in het algemeen niet meer zo, maar vijftig, zestig jaar geleden hechtte de boer nauwelijks waarde aan de inkomsten uit de bijenteelt. Dat was altijd iets waarmee hij eigenlijk geen rekening hield. Hij gaf de honing weg, of als hij die verkocht, stopte hij de opbrengst ervan in de spaarpot van de kinderen of iets dergelijks. Tegenwoordig is de situatie heel anders geworden. Men kan zich eigenlijk niet voorstellen dat iemand die aan de hand van de klok werkt of praat over iets dat helemaal van de klok afhangt, niet op winst zou moeten gaan letten. Hij wordt ertoe gedwongen door de algemene omstandigheden.

Nietwaar, er zijn tegenwoordig imkers die, als zij arbeider zijn, hun werk voor enige tijd moeten onderbreken, vrij moeten nemen, als zij op de juiste wijze hun bijen willen verzorgen, of niet? Natuurlijk! Welnu, dan rekenen zij natuurlijk uit wat zij derven door die heel andere werkzaamheden.

U moet ook goed bedenken: de bijenteelt is zo oud dat tegenwoordig vanuit de uiterlijke omstandigheden geen mens meer kan zeggen hoe de bijenteelt plaatsvond toen die nog helemaal niet veredeld was. De mensen kennen trouwens alleen onze bijen, ik bedoel de Europese honingbijen; zij kennen alleen de huisteelt van bijen. Ik geloof zelfs dat in de boeken over natuurlijke historie bij de bij, die in heel Europa voorkomt, de naam 'gewone huisbij'[17] staat. Dus men kent eigenlijk alleen de huisteelt van bijen. Dat is een heel opmerkelijke zaak dat men alleen de huisteelt kent. Men weet niet hoe het eraan toeging toen de natuur nog zelf werkte. Dus de bijenteelt is een zeer oude bezigheid. Bij zulke zeer oude bezigheden ontstaat een prijs op grond van heel andere overwegingen dan bij de dingen waaraan men tegenwoordig meestal werkt. Denkt u er nog maar eens aan dat de mensen tegenwoordig voor het merendeel werken aan dingen waarvan men zeer goed kan nagaan wanneer zij zijn ontstaan. Daar heeft u dus twee soorten prijsvorming. Bij de bijen gaat die terug tot in de grijze oudheid. Daar hanteerde men de prijzen niet zoals in de metaal- of houtindustrie, die nog maar enkele tientallen jaren bestaan. Pas bij gezonde sociale verhoudingen zal blijken hoe de prijs van honing tot stand moet komen, en hoe de prijs die dan tot stand komt onder heel andere omstandigheden is ontstaan.

Tegenwoordig heeft men er geen flauw idee van hoe moeilijk het is om over prijsvorming te spreken. Om daarover te spreken moet men over een zeer grondige kennis van de werkelijke verhoudingen beschikken. Kort geleden heb ik een wonderbaarlijke ervaring in verband met prijsvorming gehad. Die zal ik u vertellen omdat het erg interessant is.

Een hoogleraar die ik ken heeft een boek geschreven over economie. Dat boek heeft hij mij – ik was op reis om voordrachten te houden – gegeven. Ik bleef daar wat langer, kon over het boek spreken en heb gezegd dat ik het boek een beetje had kunnen inzien en dat ik natuurlijk niet meteen het hele boek kon lezen als ik twee, drie dagen ergens was. Welnu, ik heb het boek doorgenomen en toen tegen hem gezegd: 'Ik heb gezien – wat mij niet altijd prettig aandoet, maar in uw geval was het wel prettig – dat u in het boek een register heeft opgenomen, waarin de onderwerpen die u heeft behandeld te vinden zijn. Ik heb direct gekeken naar het trefwoord "prijs" – dat was er niet! Daar stond helemaal niets over in!'

Dus die man heeft een boek geschreven over de landelijke economie en daar staat niets over de prijs in! Ja, heren, dat is heel karakteristiek. Tegenwoordig zijn de economen niet meer in staat om het allerbelangrijkste vraagstuk in de economie ook maar te zien. Dat laten zij weg, de prijsvorming. En op die prijsvorming komt het aan. Alles hangt van de prijsvorming af. Maar dat ziet men niet eens. Als men zoiets meemaakt, dan is dat toch wel heel bijzonder.

Daarom is het al zo dat men zeggen moet: ook op dit gebied moet men er maar op hopen dat langzamerhand wordt ingezien dat er gezondere sociale verhoudingen moeten ontstaan. Dan zal men, denk ik, ook niet meer zo veel praten over rendabel of niet rendabel. Dat zijn begrippen die met concurrentie te maken hebben; niet eens zozeer met concurrentie tussen producenten van hetzelfde product, maar met concurrentie tussen de verschillende producenten.

Als u terugkijkt naar de tijd van mijn jeugd en de bijenteelt in de streek waar ik toen woonde neemt, waren het eigenlijk alleen de boeren die honingbijen hielden. Ja, die boeren, dat waren corpulente kerels. Ik kan niemand van u met hen vergelijken, want niemand van u is zo dik als die boeren waren. Toen was de prijs van honing zo dat niemand het in zijn hoofd gekregen zou hebben om uitsluitend bijen te houden en de honing voor geld te verkopen. Als dan de imker naast de boer was gaan staan, dan had dat er zo uitgezien [afb. 6 op blz. 101, midden onder]. Zo zou de boer eruit hebben gezien en zo de imker! Dat zou absoluut onmogelijk zijn geweest! De boer berekende zijn bijenteelt helemaal niet en de imker zou moeten rekenen. Dat zou dus helemaal niet kunnen. En zo moet men dus, als het om rentabiliteit gaat, grondig de economische voorwaarden kennen en er rekening mee houden.

Nu zal ik nog een en ander beantwoorden dat gevraagd is naar aanleiding van het voorafgaande.

Vragensteller: Er zijn mensen die honing helemaal niet verdragen kunnen. Zij krijgen dan dadelijk last van hun maag. Bestaat er een middel om deze nadelige werking van honing in te perken?

Dr. Steiner: Welnu, mensen die honing niet verdragen, zijn in de regel mensen die al heel vroeg neigen tot sclerose, tot verharding van het hele lichaam, zodat de stofwisseling in het gehele lichaam langzaam plaatsheeft. Daardoor kunnen zij honing, die erop uit is de stofwisseling juist sneller te laten verlopen, niet verdragen. Omdat zij zelf een te langzame stofwisseling hebben, wil honing die versnellen, en dan ontstaat er een conflict tussen hun stofwisseling en honing, omdat honing een snelle stofwisseling beoogt. En dan krijgt u maagklachten, die zich op vele manieren kunnen voordoen. Van een beetje honing zou eigenlijk ieder mens moeten kunnen genieten, dat wil zeggen, niet alleen ervan genieten, maar ieder zou dat ook inwendig moeten klaarspelen.

Als er mensen zijn die honing niet verdragen, moet men in eerste instantie nagaan wat daarvan eigenlijk de oorzaken zijn. Men moet dan niet verwachten dat men één algemeen middel kan vinden, maar men moet afhankelijk van hoe de mens door het een of het ander tot een verhard lichaam gedreven wordt, het een of het ander genezen. Zo kan zich bijvoorbeeld het volgende voordoen.

Stel, een mens kan geen honing verdragen, hij krijgt last van zijn maag. Nu stelt men zich de vraag: krijgt deze persoon maagklachten van honing omdat hij, laten we zeggen, neiging heeft tot sclerose in het hoofd, of zoals men dan zegt, tot verkalking van de aderen, de slagaderen, de bloedvaten in het hoofd? Dan kan het zijn dat hij op een bepaalde leeftijd geen honing verdraagt. Dan zal men zo iemand moeten genezen met een of ander fosforpreparaat. Dan zal hij langzaamaan, als men hem kan genezen, honing gaan verdragen.

Maar het kan ook zijn dat men bij een bepaald persoon ontdekt dat het aan de longen ligt. Dan moet men geen fosforpreparaat, maar een zwavelpreparaat nemen. Dat kan ik op deze vraag antwoorden.[18] Het gaat erom dat men niet in het algemeen zegt: 'Wat doen wij ertegen als iemand maagklachten krijgt door honing?', maar dat men zegt: 'Als iemand op een bepaalde leeftijd honing niet verdraagt, dan is dat een ziekte. Een gezond mens verdraagt namelijk honing. Als hij honing niet verdraagt, dan is hij ziek, en dan moet men de ziekte opsporen en deze genezen.'

Dat men geen honing kan verdragen, is natuurlijk niet zo ernstig als wanneer men geen suiker kan verdragen, als iemand diabetes mellitus, suikerziekte krijgt. Dat is natuurlijk ernstiger, want dan is hij ziek, zieker dan wanneer hij geen honing verdraagt. Dan is hij ook ziek en moet men zijn ziekte genezen.

Vragensteller: Zoals de meeste insecten vliegen ook bijen in het donker altijd op kaarslicht of lamplicht af. Door ervaren imkers is mij herhaaldelijk verzekerd dat bijen veel minder op elektrisch licht reageren. Als men met een elektrische zaklantaarn aan bij de bijen komt, blijven zij heel rustig, net alsof zij het licht helemaal niet waarnemen. Pas na enige tijd worden zij onrustig. Petroleumlicht of kaarslicht trekt hen veel sneller en in grotere aantallen aan. Is er een verklaring voor dit gedrag?

Meneer Müller zegt dat hij dat ook al heeft opgemerkt.

Dr. Steiner: Welnu, heren, u zult in het eerste Goetheanum nog wel gezien hebben dat de koepels in verschillende kleuren beschilderd waren. Die kleuren waren bereid uit zuiver plantaardige stoffen. En deze bereiding uit verschillende plantaardige stoffen, die heeft ertoe geleid dat als in de koepels zonlicht zou hebben geschenen, als men dus dezelfde kleuren enige tijd – het zou wel wat langer geduurd hebben, misschien maanden, misschien jaren – aan het zonlicht had blootgesteld, dat zij dan helemaal verbleekt zouden zijn. U zou niets meer hebben kunnen zien van wat er geschilderd was. Daarentegen bleven zij behouden onder invloed van elektrisch licht. Wij hebben daarom ook met deze kleuren zo gewerkt, dat we een schilder die bij zonlicht zou hebben gewerkt, helemaal niet hadden kunnen gebruiken. Door het zonlicht zouden de kleuren helemaal verbleekt zijn. Maar door elektrisch licht bleven zij behouden.

U ziet dus dat het zonlicht, dat immers ook chemische werkingen in zich heeft – en u heeft gezegd dat de bij dat bemerkt – op een heel andere manier werkt dan elektrisch licht. Het elektrische licht werkt dus feitelijk op al het stoffelijke veel meer verhardend, lost het niet zo op. Daardoor krijgt de bij van het elektrische licht eerst een soort lichte, kleine verstijving, wat zij in zonlicht niet krijgt. En dan herstelt zij zich natuurlijk weer. Dat wilde ik hierop zeggen.

Vragensteller: Wat de invloed van de dierenriemtekens op de honingwinning betreft: onder de boeren hecht men er nog veel waarde aan, bijvoorbeeld bij het zaaien, dat de maan in Tweelingen staat, enzovoort. Het gaat er nu om of men de verschillende dierenriemtekens beoordeelt naar uiterlijke kenmerken, of dat daar nog iets anders aan ten grondslag ligt.

Dr. Steiner: Deze onderwerpen zijn in de huidige tijd natuurlijk nooit op een juiste manier wetenschappelijk behandeld. Maar ze zijn wel wetenschappelijk te behandelen. Op het bijenorganisme als geheel heeft dat wat ik u gezegd heb invloed. De bij is in zekere zin, vooral de koningin, een zonnedier, en dus ondervindt de bij zelf de grootste invloed van wat de zon doormaakt op haar weg door de dierenriem. Maar de bijen zijn natuurlijk afhankelijk van wat zij in de planten vinden. En dan is het wel degelijk zo dat het zaaien, het uitstrooien van het zaad, buitengewoon sterk kan samenhangen met de loop van de maan door de dierenriemtekens, en het gaat erom welke stoffen de bijen, al voorbereid, in de planten aantreffen. Dus al die dingen zijn niet zomaar uit de lucht gegrepen, maar zoals het gewoonlijk wordt voorgesteld, is het natuurlijk amateuristisch voorgesteld. Die zaken moeten eerst wetenschappelijk uitgediept worden.

Daarmee is voor vandaag onze tijd om. Wat er nog meer over te zeggen is, zullen wij komende zaterdag om negen uur bespreken. Ik kan mij voorstellen dat nog velen van u iets op het hart hebben. De bijenteelt is zoiets moois en nuttigs, dat men er nooit te veel over kan vragen. Stelt u vooral vragen aan elkaar, en aan meneer Müller en mij. Ik denk dat dan ook langzaamaan de tegenstellingen zullen verminderen. Wij hoeven toch niet meteen net zo stekerig te worden als de bijen en kunnen toch alles rustig afhandelen. Maar wij moeten ook met onze vragen volledig voor de dag komen.

Vijfde voordracht

Dornach, 10 december 1923

Over de galwesp

Meneer Dollinger heeft nog een vraag over de raten. Er zouden mensen zijn die ook de raten opeten, en in herbergen werden zij vroeger vaak ook op tafel gezet. Hij wil weten of het schadelijk is om de raten ook te eten.

Met betrekking tot ziekten bij de bijen heeft hij de indruk dat die vroeger minder voorkwamen dan tegenwoordig, nu van de bijen veel meer wordt gevergd.

Meneer Müller zegt dat het eten van honingraat een liefhebberij is. Het gaat daarbij natuurlijk niet om kunstraat, maar om raten uit natuurlijke bouw.

Wat de ziekten van de bijen betreft, die ontstaan niet doordat meer van ze gevergd wordt, maar er werd vroeger gewoon minder op gelet; er waren niet zo veel volkjes, en daarom heeft men er minder acht op geslagen. Vanuit Engeland is een bijenziekte naar Zwitserland gekomen, die hier vroeger helemaal niet voorkwam.

De *heer Erbsmehl* is van mening dat het misschien samenhangt met kunstmest. De bloemen worden er immers ziek van.

Dr. Steiner: Wat deze beide punten betreft, daarover kan het volgende gezegd worden. Het is volkomen juist dat het eten van de raat een soort liefhebberij is van de mensen die dat doen. Bij zulke dingen komt het er natuurlijk op aan te zien hoe het de mensen bekomt. Maar dat is een vraag die natuurlijk alleen medisch te beantwoorden is. Men kan op deze vraag alleen iets zeggen als men de gezondheidstoestand van de mensen die de raten, dus de was, mee-eten, observeert. Ik moet zeggen dat ik weliswaar verschillende mensen heb gekend die raten aten, maar zij hebben die altijd weer uitgespuugd nadat zij de honing eruit hadden gezogen. En het is mij nog niet gelukt om mensen waar te nemen die grotere hoeveelheden was met honing hebben opgegeten.

Wel kan men als vermoeden het volgende zeggen: mensen verdragen allerlei dingen, niet iedereen dezelfde. En er zouden mensen kunnen zijn die zich alleen al door het nuttigen van was een soort maagkwaal op de hals halen; die zou men daarvan moeten weerhouden. Er kunnen echter ook mensen zijn die de was zonder moeite verteren en de resten via natuurlijke weg kwijtraken. Wel zou men kunnen opmerken: bij degenen die de was ook eten, die dus de honing mogelijk langdurig bij de was laten – als de was al in het lichaam is gekomen – geschiedt het verteren van de honing meer in de darmen, terwijl anders de honing pas na het passeren van de darmwand in de lymfevaten en zo verder verteerd wordt. Welnu, dan kan men zeggen: ook dat hangt weer van de gezondheidstoestand van de mensen af. Er zijn er die meer met de darmen, en anderen die meer met de lymfevaten verteren. Men kan helemaal niet zeggen dat het ene goed en het andere slecht is, want dat is afhankelijk van de mensen die het betreft. Men zou alleen iets met zekerheid kunnen zeggen als men gewoon een aantal mensen raathoning liet eten en een aantal honing zonder raat, en dan zou onderzoeken hoe deze twee zaken zich onderling verhouden.

Zoals bij ziekten in het algemeen moet men ook bij ziekten van de bijen rekening houden met wat meneer Müller heeft gezegd. Ook bij mensen is het immers zo dat men vroeger bepaalde dingen helemaal niet opmerkte, terwijl men die tegenwoordig zorgvuldig bestudeert. Dus ook bij mensen, zoals u zegt, sloeg men er geen acht op en tegenwoordig doet men dat wel.

Maar er speelt nog iets wezenlijk anders mee. In vroeger tijden had de imker eigenlijk zeer veel instincten. Hij deed heel veel zonder dat hij kon zeggen waarom. Die instincten is de mensheid tegenwoordig kwijtgeraakt. Tegenwoordig wil men bij alles weten waarom. En juist om op dit waarom een goed antwoord te kunnen geven, is het noodzakelijk dat men zeer grondig op de zaak kan ingaan. En dat kan het huidige weten gewoon nog niet. De vroegere imker, die had nog een sterk instinct om de bijen, om het zo te zeggen, heel persoonlijk te behandelen, echt persoonlijk te behandelen. En nu moet u bedenken: er ligt al een zeker verschil in het feit dat men vroeger met korven werkte en dat er nu kasten zijn. De kasten bestaan uit hout. Hout is iets heel anders dan het materiaal waarvan vroeger de korven gevlochten waren, van stro en dergelijke. Ook is het met stro zo, dat dit stro nog uit de lucht heel andere stoffen aantrekt dan het abstracte hout. Dus er is al een onderscheid door deze uiterlijke behandeling.

Welnu, als ik samenvat wat de imker vroeger allemaal heeft gedaan, met name door dat sterke instinct dat hij daarvoor nog had, dan zien wij dat hij vaak helemaal niet wist waarom hij dit of dat deed, maar hij zette zijn bijenvolken op een heel bepaalde plek, op een plek waar vaak van deze of gene kant de wind kwam, enzovoort. Tegenwoordig zet men de volken ergens uit nuttigheidsoverwegingen, waar men plaats heeft of zo. Men houdt nog wel rekening met klimaataspecten, maar veel minder.

Meneer Müller zegt dat hij daar heel erg op let. Hij heeft zijn bijenstand op een heuvelrug, waar deze bijna geen noordenwind en maar weinig oostenwind en zo krijgt.

Dr. Steiner: Hout is voor zulke dingen zelfs minder gevoelig dan stro. Ik maak weer geen propaganda voor strokorven, maar die dingen zijn er nu eenmaal, het werkt ook heel sterk en dat is van belang voor de bij als zij haar innerlijke werk verricht. Het is een ongelofelijke arbeid die in haar lichaam wordt verricht, als zij nectar verzamelt en die dan in zichzelf omzet tot honing die gegeten wordt. Dat is een reusachtige arbeid. Die moet de bij presteren. Hoe kan zij dat? Doordat er een heel bepaalde verhouding bestaat tussen twee soorten sappen in de bij. Het ene is het maagsap en het andere de bloedwei. Als men een bij onderzoekt, dan heeft men het witachtige maagsap en de enigszins roodachtige bloedwei. Dat zijn in wezen de twee bestanddelen waaruit het bijenwezen bestaat. Alle andere delen zijn – om het zo te zeggen – voortgekomen uit de werkingen van maagsap en bloedwei.

Nu gaat het er echter om dat tussen maagsap en bloedwei een heel bepaalde verhouding bestaat. Ze zijn namelijk heel verschillend van elkaar. Maagsap is namelijk zuur, wat men in de scheikunde zuur noemt. En bloedwei is wat men in de scheikunde alkalisch noemt, dat wil zeggen niet zuur, maar het kan wel aangezuurd worden. Het ís dus niet zuur. Als maagsap niet de juiste zuurgraad heeft, gebeurt er meteen in de bij iets waardoor haar inwendige organisme wordt gestoord bij het maken van honing. En bloedwei, die kan alleen sterk genoeg gemaakt worden als de passende verhoudingen van klimaat, licht, warmte enzovoort aanwezig zijn.

Het zal dus bijzonder belangrijk zijn – wanneer men zulke ziekten, die als moderne bijenziekten zijn opgetreden, op de juiste wijze de baas wil worden – dat men ook op de juiste wijze weet in te werken op de evenwichtige verhouding tussen maagsap en bloedwei in de bij. Dat zal men, omdat men de bijenteelt niet langer op zo'n eenvoudige manier kan bedrijven als vroeger, niet kunnen bereiken met behulp van de omstandigheden van klimaat en warmte, omdat die op de moderne bijenvolken niet meer zo veel invloed hebben, maar men zal zelfs moeten onderzoeken wat eigenlijk het gunstigst op het bloed van de bijen inwerkt. En dan zal het er waarschijnlijk op aankomen dat in de toekomst de imkers erop moeten letten dat bij de bijen altijd op de juiste wijze de bloedvorming plaatsvindt. En daarvoor is het volgende van belang.

Er zijn jaren, nietwaar, waarin de bijen er bijna uitsluitend op aangewezen zijn honing te verzamelen uit bomen. Vooral in die jaren loopt de samenstelling van het bijenbloed groot gevaar. In die jaren worden de bijen ook makkelijker ziek dan in andere jaren. En dan gaat het er dus om dat de imker in de toekomst een soort heel kleine – men heeft niet veel nodig – kas bouwt, waarin hij die planten kunstmatig kweekt, waar de bijen in een bepaalde tijd van het jaar veel van houden en die zij ook nodig hebben, zodat men ten minste een klein veld met bloemen heeft waarop men de bijen bijvoorbeeld in mei kan laten vliegen. Zij zoeken het dan vanzelf wel op als dergelijke planten, die zij echt nodig hebben, in die meimaand juist slecht groeien of ontbreken.

Dus door op deze manier kunstmatig planten te kweken in de omgeving van het bijenvolk kan men dergelijke ziekten in de toekomst ongetwijfeld onder de knie krijgen. Zoiets raad ik bijvoorbeeld aan. Het zijn voorlopig maar voorstellen, maar zij zullen zich zeker bewijzen, want zij zijn gebaseerd op kennis van het wezen van de bijen. De imker zal er veel voordeel van hebben, als het eerst maar eens geprobeerd wordt. U zult zien dat de ziekten van de bijen erdoor worden bestreden. Maar men moet wel, om praktisch te kunnen handelen, alle samenhangen in het oog houden.

Dit is iets wat ik vandaag niet beweer, maar waarvan ik alleen maar zeg dat het wezen van de hele bij eenvoudig tot dit inzicht leidt. En men kan die proeven met planten doen, namelijk door die kunstmatig te telen in een tijd van het jaar dat zij in de natuur verkommeren of er niet zijn. Daardoor zou de gezondheidstoestand van de bijen waarschijnlijk sterk verbeteren. Dat zijn van die dingen waarvan ik vast overtuigd ben. Zij zullen bekend worden als men weer echt op een natuurlijke manier op de dingen ingaat, want er kan tegenwoordig geen sprake van zijn de geschiedenis naar een vroeger stadium terug te draaien. Net zo min als men reactionair hoeft te zijn op politiek gebied, hoeft men reactionair te zijn op allerlei andere gebieden. Dat is niet nodig. Men moet juist met de vooruitgang meegaan. Maar het gaat erom wat men gaat doen als men met het oude bekend raakt, want dat moet toch in overeenstemming worden gebracht met iets anders, wat een antwoord is op de kwestie. Dit is wat ik met betrekking tot dit onderwerp te zeggen heb.

Meneer Müller zegt dat de imkers nu al begonnen zijn aan die kunstmatige bloementeelt. Zo worden bijvoorbeeld op grote schaal gele krokussen aangeplant, speciaal om de bijen bloemen te bezorgen, evenals andere planten die zulke kleine gele bloemen hebben; ook Amerikaanse klaver wordt heel veel aangeplant, die wordt ongeveer twee meter hoog en bloeit het hele jaar door. Ze wordt pas in de herfst gemaaid; tot dan laat men de bloemen voor de bijen staan. Dat is eigenlijk wat nodig is.

Dr. Steiner: Zeker, een begin wordt met dergelijke dingen al gemaakt, maar men kent de samenhang nog veel te weinig. Wat u als eerste heeft genoemd, is dus een goede weg die voortgezet kan worden.

Wat u noemde over de Amerikaanse klaver, die het hele jaar bloeit, dat is iets waarvan men weer zal terugkomen, omdat deze plant geen verbetering van het bloed geeft, maar de bijen alleen voor een korte periode een prikkel geeft. Zoals men een mens met alcohol geneest, zo is het met de Amerikaanse klaver; de bijen worden ertoe aangezet om gedurende enige tijd iets te presteren. Maar men moet er heel zorgvuldig rekening mee houden dat men de bijen niet iets aanbiedt dat hun helemaal vreemd is, want de bijen zijn met hun hele aard aan een bepaalde streek gebonden, dus aan een bepaalde streek gewend. Dat blijkt al uit het feit dat bijen uit andere streken er heel anders uitzien. Wij hebben de Midden-Europese bij, die hier ook al genoemd is, de gewone huisbij. De Italiaanse bij ziet er heel anders uit. De *Carnica*[19] weer heel anders. De bijen zijn zeer sterk verbonden met hun eigen streek, en men kan geen enkele duurzame hulp geven als men hun nectar uit vreemde streken geeft. Dan krijgen zij heel veel moeilijkheden met hun eigen lichaam, dat begint dan op te spelen, want deze nectar wil het lichaam zo omzetten dat het zo wordt zoals het daar is, op de plaats waar de klaver vandaan komt. Het zal blijken dat men enkele jaren succes boekt, maar daarna krijgt men problemen. U zegt volkomen terecht dat er nog geen betrouwbare aanwijzingen zijn. Maar die komen later, en dan zal men er weer mee stoppen, of men gaat te werk als in de wijnbouw. In de wijnbouw hebben de mensen de volgende ervaring opgedaan. U weet dat in de jaren zeventig, tachtig [van de negentiende eeuw] plotseling de druifluis optrad, die de wijnstok in grote delen van Europa vernietigde. Ik heb mij toentertijd zeer intens met deze zaak bezig kunnen houden, omdat ik een goede vriend had die boer was,[20] en die ook een tijdschrift over landbouw uitgaf en zich uitvoerig met deze zaak bezighield. Toen hebben de mensen erover nagedacht waarom de Amerikaanse wijnstokken nog geen druifluis hebben en geen gevaar lopen. Maar wat bleek toen? Het bleek dat men eigenlijk de middelen waarmee men bij de Amerikaanse wijnstok de druifluis kon bestrijden, niet kon gebruiken voor bestrijding bij de Europese wijnstok. En het gevolg daarvan was dat, toen men ook nog begonnen was de Amerikaanse wijnstok aan te planten, men die Amerikaanse wijnstok ook gezond kon houden, maar de Europese gingen desondanks te gronde. Toen moest men de Europese druiventeelt helemaal opgeven en de hele wijnbouw veramerikaniseren. Dan verandert de hele druiventeelt natuurlijk en er ontstaat iets heel anders. En het is ook veelal, in heel veel streken, iets anders geworden.

Men kan niet zo mechanisch denken, maar men moet heel duidelijk inzien dat iets door zijn gehele aard in een bepaalde streek thuishoort. Daar moet rekening mee worden gehouden. Anders kan men wel plotselinge successen boeken, maar die zullen niet blijvend zijn.

Is er nog iets wat u wilt vragen, of zijn alle andere heren alleen maar geneigd om honing te eten, en juist niet daarover heel veel te bespreken? Misschien schiet een van u nog iets te binnen!

Ik wil toch nog in hoofdlijnen, zogezegd, terugkomen op het echt wezenlijke van de honingbereiding door de bijen. Want het is toch, nauwkeurig beschouwd, iets buitengewoon wonderbaarlijks dat er van die kleine wezentjes zijn, die in staat zijn om dat wat zij uit de bloesem, of in het algemeen uit de bloemen, uit de planten opzuigen, om te zetten in deze buitengewoon gezonde honing, die een nog veel grotere rol in de voeding van de mens zou kunnen spelen dan momenteel het geval is, als men werkelijk volledig zou inzien hoe enorm belangrijk het nuttigen van honing is. Als men meer invloed zou kunnen uitoefenen op de hele – wat ik wil noemen – sociale geneeskunst, zou ik het bijvoorbeeld buitengewoon gunstig vinden als mensen juist in hun verlovingstijd, dus uit voorzorg, honing zouden eten. Want dan zullen zij namelijk geen rachitische kinderen krijgen, omdat in honing, als die door de mens wordt opgenomen, de kracht zit die op de voortplanting zodanig werkt dat de kinderen behoorlijk gevormd worden. Het eten van honing door de ouders, met name door de moeder, werkt door in de opbouw van de botten van het kind.

Zulke dingen zullen blijken als men tenminste een keer de diepere samenhangen in deze dingen inbrengt, in plaats van allerlei flauwekul die tegenwoordig in de wetenschappelijke tijdschriften staat. Dan zal, wanneer men over deze dingen iets zal wéten, te lezen zijn: wat kan men het beste eten in een dergelijke levensfase? Wat is goed om in een andere levensfase te eten? –

enzovoort. Ja, dat zal voor de mensen enorm nuttig zijn, want de gezondheidstoestand van de mensen zal daardoor wezenlijk verbeteren en vooral ook de fysieke kracht van de mens. Het enige wat men daarbij nog zeggen kan, is dat de mensen zoiets eigenlijk weinig kunnen waarderen. Want wie geen rachitische kinderen heeft, is daar weliswaar heel tevreden over, maar hij denkt er verder niet over na, hij neemt het als iets vanzelfsprekends. Alleen wie rachitische kinderen heeft, die klaagt. En dus zou ik willen zeggen: juist het realiseren van de meest nuttige medisch-sociale maatregelen duurt erg lang, terwijl ze dat herstellen wat de mensen als normaal zouden moeten beschouwen.

Maar het is toch mogelijk om in te zien dat men in deze richting enorm veel kan bereiken en ik geloof dat als de mening zich vormt dat men doordat men geesteswetenschap bedrijft deze dingen ontdekt, dan zouden de mensen zich met vol verstand tot de geest richten. Veel meer dan zij nu doen, pas als het hun wordt aangeraden nietwaar: 'Jullie moeten bidden, dan komt dit of dat wel in orde.'

Dat kan men vanuit de geest onderscheiden. Ja heren, die dingen die men juist ook vanuit de geest kan inzien en die de huidige wetenschap niet kent, dat zijn juist de dingen waardoor men kan weten in welke periode, dus laten wij zeggen in de verlovingstijd, honing bijzonder nuttig is, enzovoort.

Ik zeg, dat is toch iets heel wonderbaarlijks, dat de bij deze honing, die voor het leven zo buitengewoon nuttig is, uit de natuur opzuigt en dan in zichzelf omzet. Nu zult u wel begrijpen waarop eigenlijk dit hele ontstaan van honing berust, als ik u ditzelfde proces dat een heel andere vorm heeft bij buren, bij verwanten van de bijen, bij de wespen, laat zien. Maar bij de wespen krijgt men niet honing, die voor de mensheid juist zo vruchtbaar is, hoewel men met dat wat de wespen bereiden in de geneeskunde ook heel veel kan bereiken. Maar het is wel iets heel anders waar de wesp mee bezig is, dan wat de bij doet. Ik zal u later, de volgende keer, ook over de mieren vertellen. Maar laten wij nu eerst eens een bepaalde wespensoort bekijken.

Er zijn wespen[21] die de eigenaardige gewoonte hebben om hun eieren zomaar ergens te leggen, in planten, in bomen, bijvoorbeeld in de bladeren of in de schors van de bomen. Er zijn er zelfs die de eitjes in de bloesems van bomen leggen. Dat ziet er dan zo uit [afb. 7 op blz. 102, midden boven]. Daar is de boombast, dat is wat mij betreft een eikenblad, en nu legt de wesp met een legboor – dat is een angel die van binnen hol is – haar ei binnenin het eikenblad. Wat gebeurt er nu? Nu verandert daar, waar het wespenei in gelegd is, het hele weefsel van het blad dat nu helemaal rond het wespenei zit. Het blad zou heel anders gegroeid zijn als het ei daar niet in gelegd was. Welnu, laten wij nu eens bekijken wat er ontstaat doordat het wespenei erin is gelegd. Dan gebeurt het volgende: op deze plek verandert de groei van de plant helemaal, en rondom dat wespenei, boven het blad uitstekend, ontstaat de zogenaamde galappel. Dat zijn nu die bruinig uitziende galappels die u aan de bomen vindt. Waarom zijn ze ontstaan? Ze zijn ontstaan doordat op die plek een wesp haar ei heeft gelegd, en om dat wespenei heen zit nu deze veranderde plantensubstantie. Die omhult het helemaal. Dit wespenei zou te gronde gaan als het zomaar ergens gelegd zou worden. Het kan alleen maar gedijen omdat in de eerste plaats om het ei deze beschermende stof zit, die de galwesp van de plantensubstantie steelt. Zij neemt deze van haar weg.

U ziet het, de bij legt haar ei in de raat en zij ontstaat dan uit de larve enzovoort, wordt bij en steelt later de plantensubstantie en verwerkt deze in zichzelf. De wesp nu doet dat hele verhaal iets eerder. De wesp, die neemt al de substantie die zij van de plant nodig heeft weg doordat zij het ei legt. Dus de bij wacht met wat zij doet wat langer dan de wesp. De wesp doet dat eerder. Bij de hogere dieren en bij mensen is het zo dat het ei zich al in het lichaam van de moeder met een beschermend omhulsel omgeeft. Daar wordt uit de moeder genomen wat de wesp uit de plant neemt. Deze galappel is gewoon vanuit de plant gevormd, net zoals rondom de eikiem in het lichaam van de moeder als omhulsel het chorion zich vormt, dat later met de nageboorte het lichaam verlaat.

U ziet hoe de wesp met de plant samengaat. In streken waar bijzonder veel wespen voorkomen, kan men zien dat de bomen overal vol zitten met die galappels. De wesp leeft met de bomen samen. Zij is daarop aangewezen. Haar zaad zou niet eens kunnen gedijen als het niet deze beschermende omhulling uit de betreffende bomen of planten zou vormen.

Het kan er ook anders uitzien. Er zijn ook galvormingen die er niet als appels uitzien, maar die zo uitgroeien, die harig zijn,[22] bijvoorbeeld in elkaar gevlochten [afb. 7 op blz. 102]. Maar overal zit in het midden de betreffende kiem van een wesp. U kunt deze gallen ook vaak in de vorm van kleine ruige noten vinden. Dat is iets wat laat zien hoe de wespen met de planten samenleven. Als de wesp vervolgens volgroeid is, als zij ontwikkeld is, boort zij zich met haar vreetorgaan erdoorheen en kruipt dan als wesp naar buiten, om, als zij een tijdlang buiten heeft geleefd, opnieuw ergens in een blad of iets dergelijks haar ei te leggen, zodat het eieren leggen altijd doorgaat door een samenleven met planten.

Nu kunt u misschien zeggen: wat heeft dat nu met honingbereiding te maken? Mijne heren, dat heeft met honingbereiding eigenlijk heel veel te maken, en men kan leren hoe honing tot stand komt als men deze zaak bekijkt. En dan zijn er ook nog in de vroegere, ik zou willen zeggen, volkenkundige wetenschap instincten die op zoiets letten. U weet wellicht dat in zuidelijke streken, met name in Griekenland, de vijgenteelt[23] van groot belang is. Nu zijn er zogenaamde wilde vijgen, die weliswaar zoetig zijn, maar toch zo, dat veel mensen een nog zoetere smaak hebben en nog zoetere vijgen willen dan wat de wilde vijgen aan zoetigheid bieden. Wat doen die mensen nu?

Stelt u zich nu voor dat hier een wilde vijgenboom staat [afb. 7 op blz. 102, links]. Deze wilde vijg is bijzonder geliefd bij een bepaalde wespensoort, die daarin haar eieren legt. Stel je voor: dus daar staat de wilde vijgenboom met aan zijn tak zo'n wilde vijg, waarin de wesp haar ei legt.

Welnu, de teler van vijgen is op zijn manier eigenlijk een heel slimme kerel. Hij laat deze wespen in de wilde vijgenbomen, die hij daar speciaal voor kweekt, hun eieren leggen. Later neemt die knaap twee van zulke vijgen op het moment dat de wespenlarven daarbinnen nog niet volgroeid zijn, dus als de wespen nog lang niet rijp genoeg zijn om uit te komen, maar wel al een deel van hun ontwikkeling hebben doorgemaakt. En nu, wat doet hij daarna? Hij neemt een bies en bindt deze twee vijgen, waarin hij de wespenlarven niet tot volle wasdom heeft laten komen, aan elkaar met die bies, zodat zij stevig aan elkaar zitten. Nu gaat hij naar een vijgenboom waarvan hij de vijgen wil veredelen en hangt die twee vijgen, die hij met een bies aan elkaar heeft gebonden en waarin de wespen genesteld zitten, waarin zij hun eieren hebben gelegd, aan de vijgenboom die hij wil veredelen. Wat gebeurt er dan?

Dan gebeurt het volgende [afb. 7 op blz. 102, midden]. De wespen die merken dat omdat de vijgen die hij geplukt heeft, die niet meer aan de vijgenboom zitten, nu droog worden; die drogen uit, die krijgen geen sap meer van de boom. Dat merkt de nog niet geheel ontwikkelde wesp die daar binnen zit. Zelfs het ei merkt dat. En daarvan is het gevolg dat de wesp ontzettend haast gaat maken om uit te komen. Dus daarom begint in het voorjaar de teler met deze procedure. Hij laat de wespen eerst hun eitjes leggen. Zodra het mei wordt, neemt hij snel deze twee vijgen van de boom en verricht daarmee dan deze handeling. Donders, denkt het dier dat daarbinnen zit, nu moet ik opschieten! Nu komt namelijk al de periode waarin de vijg weer verdroogt! Het dier maakt geweldig veel haast, komt veel vroeger uit dan het normaal zou zijn uit-

Afbeeldingen

Bij de afbeeldingen

Tijdens de voordrachten maakte Rudolf Steiner schetsen met krijt, vaak in kleur, op zwarte vellen die op een bord waren bevestigd. In de eerdere, bij Vrij Geestesleven verschenen vertaling, is gebruikgemaakt van de door juffrouw E. Riese nagetekende bordtekeningen in zwart-wit. We zijn heel blij om in deze heruitgave de oorspronkelijke bordtekeningen in kleur te kunnen aanbieden. De dia's zijn ons ter beschikking gesteld door de Rudolf Steiner Nachlassverwaltung, waarvoor wij zeer erkentelijk zijn.

Afbeelding 1 – Voordracht 26 november 1923
Afbeelding 2 – Voordracht 26 november 1923

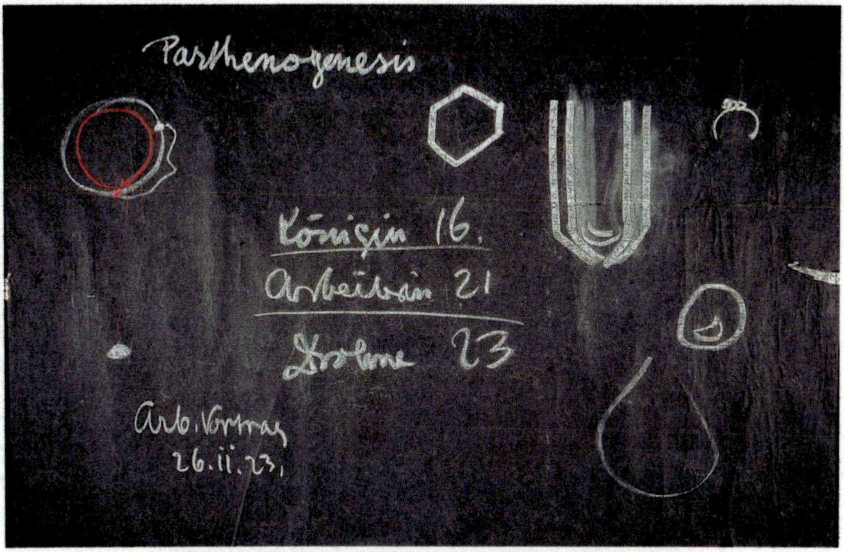
Parthenogenesis
Königin 16.
Arbeiterin 21
Drohne 23
Arb. Vortrag
26.II.23.
1

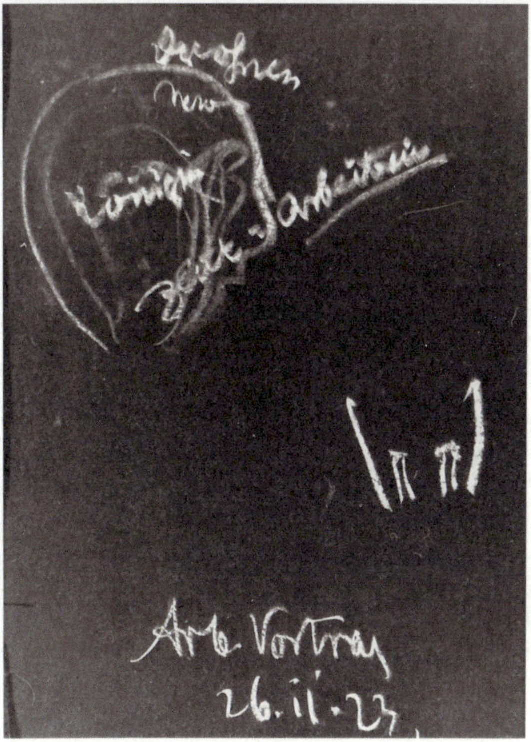
Königin
Arbeiterin
Arb. Vortrag
26.II.23.
2

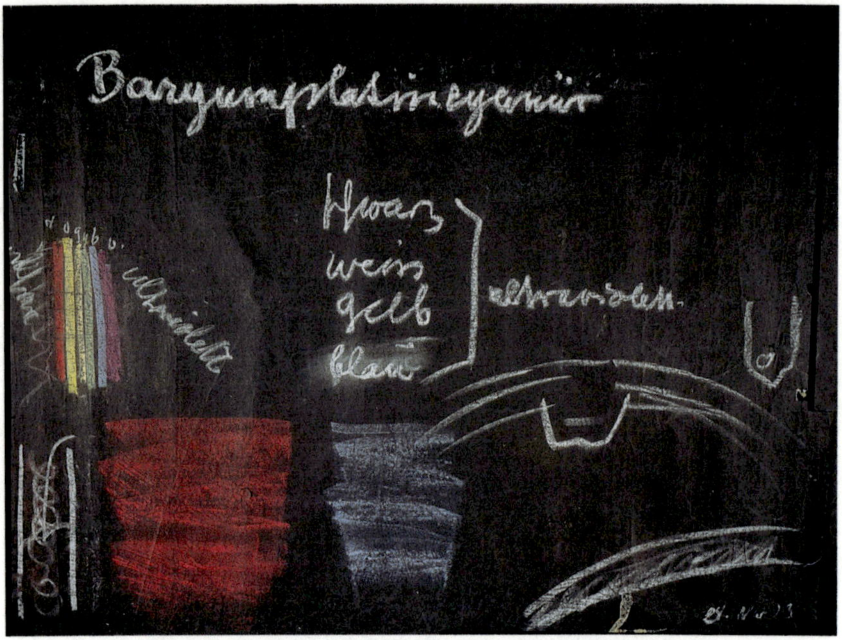
Bariumplatincyanür
schwarz
weiss
gelb
blau
ultraviolett

3

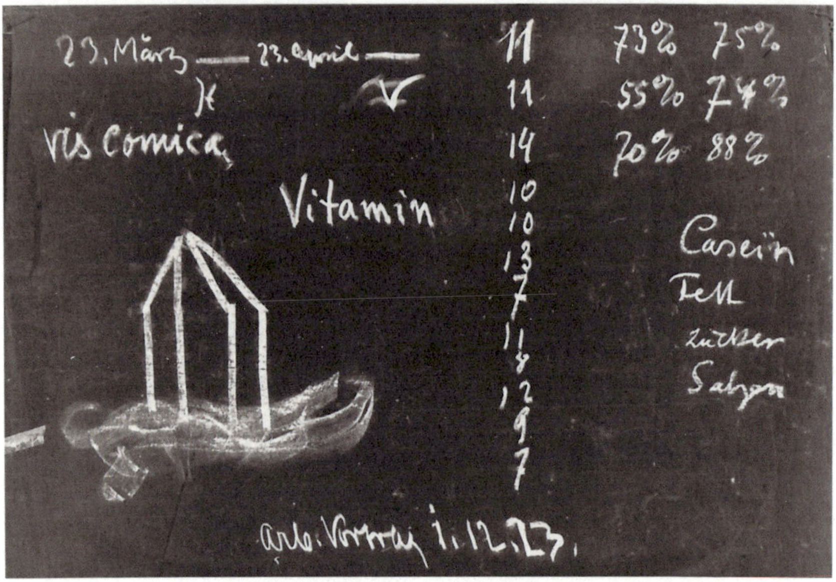
23. März
23. April
vis comica
Vitamin
11
11
14
10
10
13
7
11
8
12
9
7
73% 75%
55% 74%
70% 88%
Casein
Fett
Zucker
Arb. Vortrag 1.12.23.

4

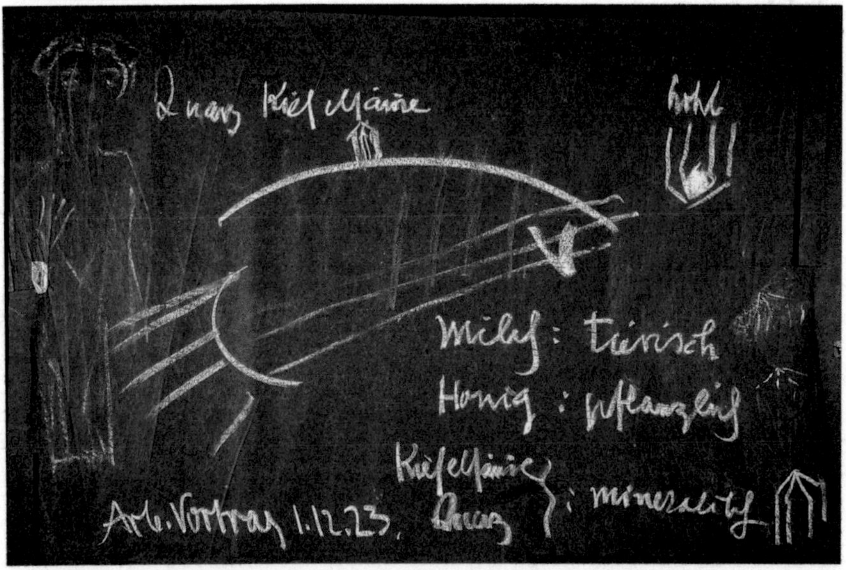

5

6

Afbeelding 3 – Voordracht 28 november 1923
Afbeelding 4 – Voordracht 1 december 1923
Afbeelding 5 – Voordracht 1 december 1923
Afbeelding 6 – Voordracht 5 december 1923

7

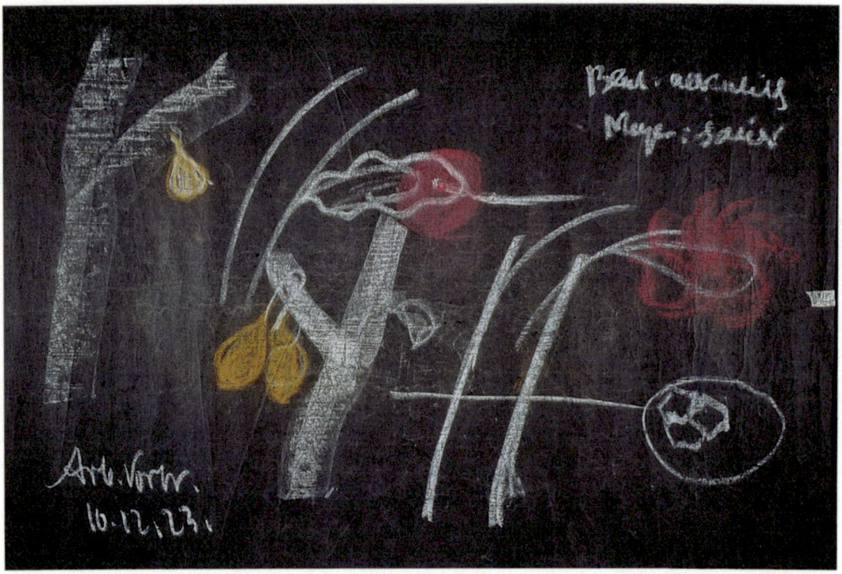

8

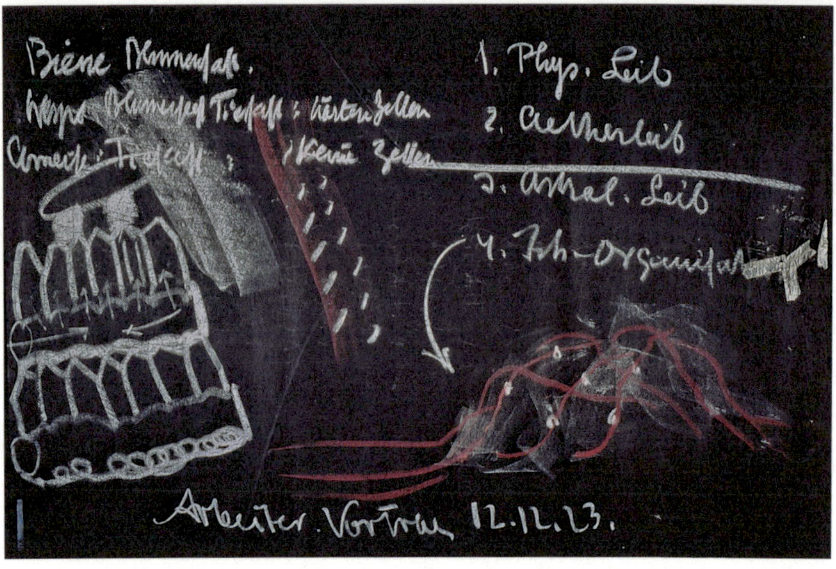

Afbeelding 7 – Voordracht 10 december 1923
Afbeelding 8 – Voordracht 12 december 1923

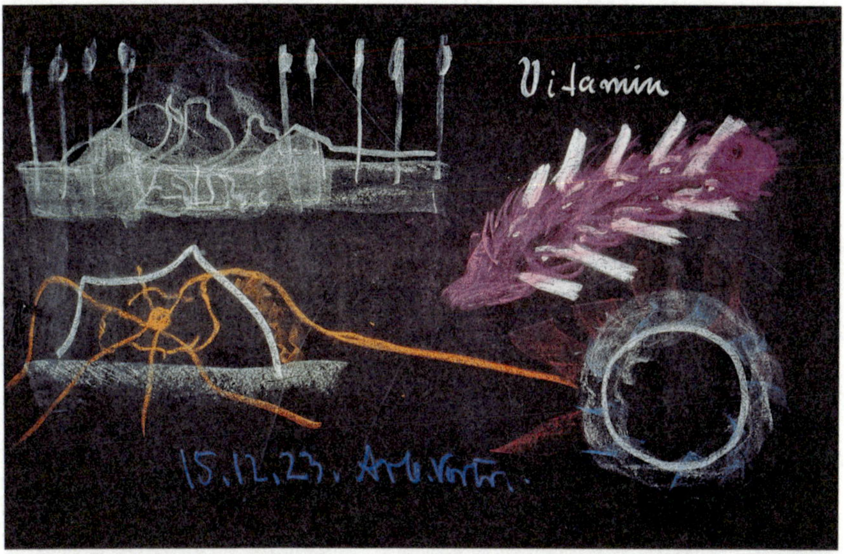

9

10

Afbeelding 9 – Voordracht 15 december 1923
Afbeelding 10 – Voordracht 15 december 1923

11
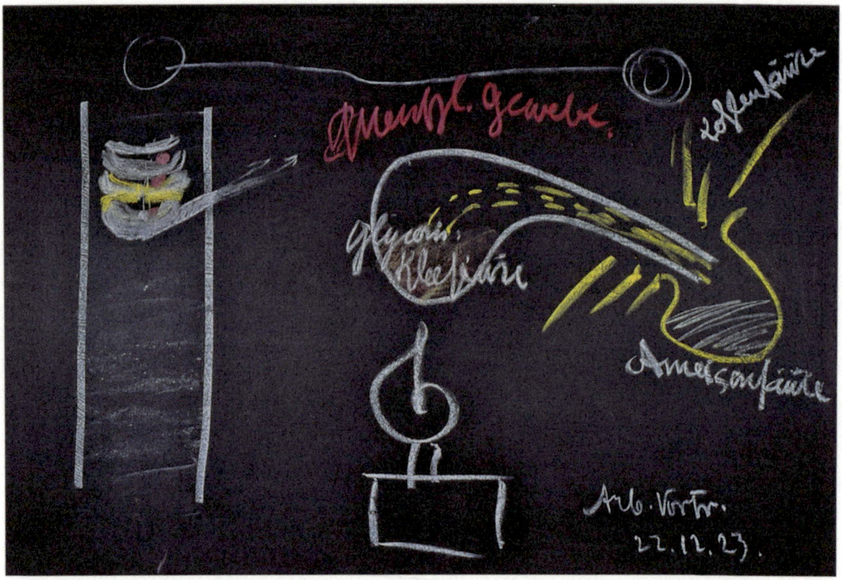

12

Afbeelding 11 – Voordracht 22 december 1923
Afbeelding 12 – Voordracht 22 december 1923

gelopen.[24] Als de vijg was blijven hangen, zou het in de nazomer zijn uitgekomen. Nu moet het in het begin van de zomer uitkomen. Het gevolg is echter dat het dier, omdat het in het begin van de zomer is uitgekomen, een tweede legsel moet voortbrengen en het legt nog in de zomer eieren, terwijl het anders pas in het voorjaar zou hebben gelegd.

Met deze eieren gaat de wesp nu naar de vijgen die aan de boom hangen, die veredeld moeten worden. Daar legt zij haar eieren in, late eieren, die niet tot rijpheid komen, die zich maar tot op zekere hoogte ontwikkelen. En wat is daarvan het gevolg? Deze vijgen, waarin het tweede broedsel is gelegd, worden dubbel zo zoet als de andere wilde vijgen! Dat noemt men het veredelen van vijgen, opdat zij dubbel zo zoet worden.

Wat is daar dan gebeurd? Dit is er gebeurd: de wespen, die wel verwant zijn aan, maar toch andere dieren zijn dan de bijen, hebben al in het eistadium uit de plant gehaald wat tot honing kan worden. En als men op een handige manier, zoals de vijgenteler, die zijn twee wilde vijgen met de wespeneieren erin met zijn bies samenbindt en die bovenin de boom slingert, zodat zij erin hangen, als men de wespen op een handige manier ertoe brengt nu ook nog in die plant te brengen wat zij hebben opgenomen uit de andere plant, dan zorgt men ervoor dat de wespen de honing nu als zoetigheid inbrengen in de plant, waarin men ze opgehangen heeft, in deze veredelde vijgen. In deze veredelde vijgen vormt de zoete smaak zich, doordat de honing in een heel fijne verdeling gewoon door de wesp erin gedaan is. Dat is dus langs een natuurlijke omweg gebeurd.

U ziet dus: wij hebben dan niets uit de natuur weggehaald, maar de aard van de honing erin gelaten. De wesp kan de honing niet zo bereiden als de bij dat doet, omdat haar organisme daarvoor helemaal niet geschikt is. Maar zij kan wel, als men haar tot deze omweg dwingt, tijdens haar voortplanting de zoete smaak van haar nectar van de ene vijgenvrucht op de andere overbrengen. Dan maakt zij de tweede vijg, de veredelde, zoet. En daarin zit een soort honingsubstantie. U ziet dus dat wij hier op iets heel bijzonders stuiten. Deze wespen blijken een lichaam te hebben dat niet in staat is uit de natuur nectar te winnen en die in het eigen lichaam in honing om te zetten. Maar zij kunnen in de natuur zelf bevorderen dat van de ene vijg naar de andere een soort honingvorming plaatsheeft.

De bij is dus een dier dat een wespachtig lichaam zo ver heeft ontwikkeld, dat zij datgene nu onafhankelijk van de boom enzovoort maken kan, wat bij de wesp in de boom zelf binnengelaten moet worden. Wij moeten dus zeggen: de bij is een dier dat meer in zichzelf de kracht houdt, die de wesp alleen heeft als zij heel jong is, zolang zij ei of larve is. De wesp verliest als zij ouder wordt de kracht om honing te maken, de bij behoudt deze kracht en maakt er als volwassen dier gebruik van. Ja, heren, bedenkt u eens wat dat betekent, dat men zo in de hele natuur naar binnen kan kijken en dan kan zeggen: binnenin de planten zit honing, zit deze substantie die zoete suiker benadert. Die zit erin. Zij komt er ook alleen maar uit tevoorschijn als men op de juiste wijze te werk gaat, als men de natuur maar een handje helpt door de wesp op het juiste ogenblik over te brengen naar de boom die men wil veredelen.

Hier in onze streken lukt zoiets niet, trouwens in de huidige tijd is dat helemaal niet meer mogelijk. Maar er was een periode in de aardeontwikkeling dat men de mogelijkheid had om wespen – die men tegenwoordig en ook al tweeduizend jaar geleden zo heeft gebruikt dat men ze, zoals die slimme man deed, nietwaar, tot een tweede legsel bracht – door deze wespen te laten uitkomen heeft men ze de gelegenheid gegeven om eieren te leggen in vijgen die al geplukt waren, en zo is het langzamerhand gelukt om uit wespen bijen te telen. De bij is namelijk een dier dat heel lang geleden uit de wesp geteeld is. En tegenwoordig kan men, zoals gezegd, nog zien dat door het gedrag van een dier, dus door het gedrag van de wesp, deze honingbereiding in de natuur zelf voorkomt.

En daaruit kunt u ook opmaken hoe het komt dat de bijen hun honing op een bepaalde manier in de raten afzetten. De raat bestaat in wezen uit was. Ja, deze was is niet alleen noodzakelijk om honing in op te bergen, maar de bij kan honing alleen bereiden als haar hele lichaam op de juiste wijze werkt. Zij moet ook was uitscheiden.

Welnu, de tweede vijgenboom, waarin de zoetigheid vanzelf ontstaat, is ook rijker aan was dan de wilde vijgenboom. En juist daarin ligt het verschil tussen de veredelde en de wilde vijgenboom, dat de veredelde rijker is aan was. Daar maakt de natuur zelf deze toevoeging aan was. Dus de veredelde vijg, de zoete vijg gedijt aan een boom die uit zichzelf inwendig op een bepaalde manier meer was maakt. Daar heeft u al een vooruitblik van wat zich in de bijenteelt voordoet.

Als u nu echter heel precies te werk gaat, dan kunt u een stam van de veredelde vijgenboom nemen, die doorsnijden, en dan krijgt u als u goed zoekt zo'n merkwaardige tekening alsof de cellen van was zijn [afb. 7 op blz. 102, rechts en midden onder]. Uit deze was, die zich binnen in de stam afzet, vormen zich dergelijke groeisels, namelijk een soort bijencellen. De veredelde vijg wordt rijker aan was, en daar binnenin de stam ordent de was zich ook in een soort celvorm. Daarom kan men zeggen: als we ook deze veredeling van vijgen bekijken, dan hebben wij daar te maken met een honingvorming die niet buiten de natuur is gekomen, maar de honing blijft in de vijg.

De bij brengt – als ik het zo mag uitdrukken – aan het licht wat bij de veredelde vijg in de natuur besloten blijft. De bij brengt het in de openbaarheid. Daardoor wordt de was in de vijg gestuwd. Anders zou deze in de stam zijn gebleven en daar een soort natuurlijke cellen hebben gevormd, die alleen niet zo duidelijk, niet zo massief zijn, maar wel zo worden aangeduid en meteen weer verdwijnen. De vorming van was en van honing vindt volledig in de vijg plaats. De complete bijenteelt die daarbinnen zit, zit in de boom zelf, zodat de hele natuur een bijenteler is.

Wat heeft de bij het eerst gedaan? De bij heeft eerst een ei gelegd, heeft het ei in het bijenvolk gelegd, dat ei is rijp geworden. Nu is het voor haar niet nodig om de substantie daar in een galappel te veranderen, maar ze neemt de nectar rechtstreeks uit de plant. Zij gaat ook niet naar een andere boom die rijker aan was wordt, maar zij maakt uit zichzelf in zekere zin dat wat zich anders in de stam vormt, namelijk de cellen van de raat. En ze legt daarin het sap dat nu in de vorm van honing daar is, terwijl het bij de veredelde vijg als sap de hele vijg vult. Daarom kan men zeggen: hier vindt zelfs openlijk een proces plaats dat in de natuur anders binnen de bomen blijft, zich tussen de bomen en de wespen voltrekt. En daaraan ziet u nu heel duidelijk wat u eigenlijk voor u heeft, als u een bijenvolk met zijn zo kunstig opgebouwde raten met cellen van was heeft. Eigenlijk is het een wonderbaarlijke aanblik, nietwaar, meneer Müller? Een wonderbaarlijke aanblik moet dit kunstige samenstel van deze cellen van was zijn. En daarin: allemaal honing!

Ja, heren, bekijk dat eens. Dan zult u zeggen: 'Donders, die bij, die verbeeldt eigenlijk met haar wonderbaarlijke cellen van was een soort kunstmatig opgebouwde boomstam met al haar vertakkingen! Zij gaat zelf niet in de boom om haar eieren te leggen, maar zij bouwt buiten voor zichzelf een soort beeld van de boom en in plaats van daar vijgen aan te laten groeien, doet zij de honing in de klaarstaande raten.' Wij hebben hier dus door middel van de bij een soort analogie van de kunstmatig veredelde vijgenboom gemaakt.

Dat is wezenlijk een kijkje in het innerlijk van de natuur, dat u kan laten zien hoe men van de natuur zelf kan leren. Maar men moet nu eenmaal van de natuur kúnnen leren. De mensen zullen nog veel van de natuur leren. Maar eerst moeten ze de geest in de natuur zien, dan zullen zij zulke dingen leren. Anders, nietwaar, staat men met open mond te kijken, als men naar het zuiden reist en daar die slimme kerel ziet, die zijn aangestoken vijgen met een bies aan elkaar bindt en deze dan boven in de wilde vijgenboom slingert. Dan staat men net als de andere reizigers met open mond te kijken – zelfs als dat wetenschappers zijn, die niet weten waarom die kerel dat doet. Want daarmee bespaart hij namelijk op het werk van de bijen, doordat de natuur de honing al voor hem in de vijgen brengt. En de vijgen zijn in de streek waar zij groeien even gezond als honing, omdat de honing al in haar beginstadium in de vijgen voorhanden is.

Dat zijn dingen die men zich al eens voor de geest moet hebben gehouden als men zoiets belangrijks en diepgaands als de bijenteelt wil bespreken. Ik meen dat men daardoor al geleidelijk aan op een bepaalde manier tot iets juistere beschouwingen zal komen.

Vraag en antwoord

R. Hahn: Na de voordracht ging ik naar dr. Steiner met de vraag wat de oorzaak van vuilbroed bij bijen is. Hij zei dat hij daarover pas iets met zekerheid zou kunnen zeggen, als hij de ziekte nauwkeurig had onderzocht. Maar waarschijnlijk gaat het bij vuilbroed bij de bijen om een verkeerde samenstelling van het urinezuur van de bijenkoningin. Hij voegde er nog aan toe: 'Nietwaar, het is toch zo dat de bij ook urinezuur in haar organisme heeft; waarschijnlijk is de verkeerde samenstelling van het urinezuur de oorzaak van deze ziekte.'

Over het kweken van de bij uit de wesp, wat in dezelfde voordracht is genoemd, zei hij op een desbetreffende vraag ongeveer: 'Deze gebeurtenis heeft in het oude Atlantis plaatsgevonden, toen de afzonderlijke diergestalten nog niet zo sterk in zichzelf opgesloten waren als nu, toen er nog niet zulke vaste grenzen tussen de afzonderlijke soorten waren. Tegenwoordig is zoiets kweken uit een andere soort niet meer mogelijk.'

Zesde voordracht

Dornach, 12 december 1923

Over bijengif en over mieren

Er wordt gevraagd welke verwantschap er tussen bijen en bloemen bestaat, wat die twee zo verbindt, en wat honing voor de mens zou moeten betekenen en wat zij betekent. Vervolgens komt men nogmaals terug op het leggen van eitjes.

Dr. Steiner: Welnu daarover zullen wij in deze voordracht nog eens spreken. Het gaat hierom: wij hebben de bevruchting van de koningin tijdens de bruidsvlucht.[25] Op dat moment is dus in de eerste plaats de koningin bevrucht. Verder moeten wij rekening houden met de tijd die verloopt vanaf het leggen van het ei totdat het insect helemaal klaar is, tot de bij er is. Deze periode bedraagt bij de koningin 16 dagen, bij de werkbij 21 dagen, bij de dar 22 à 24 dagen. Dus deze drie soorten bijen verschillen onderling allereerst daarin, dat zij op verschillende tijdstippen klaar zijn. Wat ligt daaraan ten grondslag? Als een bijenlarve een koningin wordt, dan wordt zij dat met name doordat de larve door de bijen zelf op een heel bepaalde manier wordt gevoed. Zij krijgen van de bijen ander voedsel, de koninginnen; daardoor wordt hun groei versneld.

Nu is de bij een zonnedier, en de zon heeft ongeveer evenveel tijd nodig om zich eenmaal om haar eigen as te draaien als een dar nodig heeft om zich te ontwikkelen. Daarom wacht de koningin met haar ontwikkeling tot de zon zich volledig om haar as heeft gedraaid; dat betekent dus dat zij volledig binnen het gebied van één omwenteling van de zon blijft. Daardoor komt ze ertoe zich zo te ontwikkelen, dat zij helemaal onder de invloed van de zon komt. Daardoor wordt zij nu juist een bij die eieren kan leggen. Dus alles wat de mogelijkheid heeft om eieren te leggen, staat onder invloed van de zon, respectievelijk ook van de kosmos.

Vanaf het moment dat er zo gevoed wordt dat de bij zich net zo snel ontwikkelt als de werkbij, komt de bij al meer onder invloed van de aardeontwikkeling. Hoe verder de zon met haar omwenteling vordert, des te meer komt de bij onder invloed van de aardeontwikkeling. Weliswaar is de werkster nog heel sterk een zonnedier, maar ook al een beetje een aardedier. En nu is de dar, die zich ongeveer net zo lang ontwikkelt als de zon nodig heeft voor een hele omwenteling om haar as, een volledig aardedier; die maakt zich dus los van de zon.

Nu hebben wij drie soorten. We hebben de zon, de koningin; wij hebben de werkbij, waarin we de buitenaardse krachten hebben, maar ook al wat aardekrachten; en wij hebben de dar, die helemaal niets meer aan zonnekrachten heeft, die helemaal aardedier is. Alles wat er verder gebeurt in de ontwikkeling van de drie bijensoorten gebeurt niet onder invloed van aardekrachten, alleen de bevruchting zelf.

Merkwaardig nu is het volgende. Kijkt u nu eens naar de bruidsvlucht. De lagere dieren willen namelijk helemaal niet graag bevrucht worden, daaraan willen zij zich onttrekken. Dat kan men overal aantonen. Daarom is wat de koningin doet eigenlijk een vluchten naar de zon. De bevruchting heeft niet plaats als het bewolkt is. En dan moeten de darren, die het aardse in het naar de zongerichte willen brengen, zelfs strijd voeren in de lucht, en degene onder hen die daarin zwak zijn, blijven achter. Alleen degenen die tot het laatst toe volhouden en net zo hoog kunnen vliegen als de koningin kunnen de bevruchting tot stand brengen. Maar door het feit dat de koningin bevrucht is, is er nog geen ei bevrucht, want slechts een deel van de eieren van de koningin wordt tijdens het leggen bevrucht. Dat worden koninginnen of werkbijen. Een deel van de eieren wordt in het lichaam van de koningin niet bevrucht, dat worden darren. Dus als de koningin helemaal niet bevrucht wordt, ontstaan er uitsluitend darren. Als de koningin bevrucht wordt, dan kunnen uit de niet-bevruchte eieren ofwel darren komen, ofwel er komen werkbijen en koninginnen, namelijk als de kiem bevrucht wordt, dus als het hemelse met het aardse in aanraking komt. Dus ook dan, als er naast de darren werkbijen uitkomen, hebben de darren hun bestaan te danken aan het feit dat zij het sterkst aan het aardse prijsgegeven zijn, omdat er geen bevruchting heeft plaatsgevonden. Zij moeten juist aan het aardse prijsgegeven worden opdat ze in leven kunnen blijven. Zij moeten langer gevoerd worden, enzovoort. Is dit bevredigend voor u?

Vraag: Jaren geleden heb ik eens gehoord dat als een bij of een wesp iemand met reumatiek steekt, de reumatiek dan moet afnemen.

Dr. Steiner: Nu kom ik terug op een vraag die afgelopen maandag geen aandacht heeft gekregen. Meneer Müller vertelde van een man die naar het schijnt een hartkwaal had en door de steek van een bij is flauwgevallen.

Meneer Müller: De dokter raadde hem aan te stoppen met imkeren, omdat het nog eens zijn dood zou kunnen worden.

Dr. Steiner: Deze hartkwaal geeft niets anders aan dan dat bij deze mens de ik-organisatie niet op de juiste wijze ingrijpt. Daar komt iets aan de orde wat u uit mijn voordrachten heeft leren kennen. U weet dat wij bij de mens vier delen onderscheiden: ten eerste het gewone fysieke lichaam, dat men kan aanraken, ten tweede het etherlichaam, ten derde het astrale lichaam en ten vierde de ik-organisatie [afb. 8 op blz. 102, rechtsboven]. Deze ik-organisatie grijpt in het bloed in, en deze ik-organisatie brengt eigenlijk het bloed in beweging, en afhankelijk van hoe het bloed wordt voortgedreven, slaat het hart. In de boeken vindt u overal een absoluut foutieve voorstelling. Daar vindt u uiteengezet dat het hart als een pomp werkt en dat daardoor het bloed overal, door het gehele lichaam heen wordt gepompt. Dat is onzin, omdat in werkelijkheid het bloed niet gepompt[26] wordt, maar door de ik-organisatie zelf wordt voortgedreven en als gevolg daarvan overal in beweging komt.

Als iemand beweert dat het het hart is dat het bloed doet stromen, dan moet die persoon ook meteen beweren dat als hij ergens een turbine plaatst, deze turbine het water aandrijft. Iedereen weet dat het water de turbine aandrijft. Zo zijn er ook weerstanden binnenin de mens. Het bloed stoot daar tegenaan en drijft het hart aan. Alleen met dit verschil, dat het bloed éénmaal een stoot geeft, en als zuurstof zich met koolzuur verbindt, een tegenstoot volgt; daardoor springt het hart één keer heen, één keer terug. Zo ontstaat de hartslag. Dus het is zo dat de ik-organisatie van de mens rechtstreeks ingrijpt in de bloedsomloop.

Nu is het zo dat deze ik-organisatie eigenlijk op een geheimzinnige manier in het bijengif zit. Datgene, mijne heren, wat in u is als kracht die uw bloed doet circuleren, dat zit ook in het bijengif. En het is interessant dat de bij het gif in zichzelf gebruikt. De bij heeft het gif niet alleen maar om te kunnen steken. Dat is slechts een toevallige bijkomstigheid, dat zij ook steken kan. De bij heeft het bijengif in zichzelf nodig, omdat de bij dezelfde circulatiekracht nodig heeft die de mens in het bloed heeft.

Het bijenvolk – dat heb ik u verteld – is als een volledig mens. Stelt u zich eens voor dat u bijengif in uw lichaam krijgt, dat wil zeggen in het bloed. Het gaat direct, zoals elk gif dat in het lichaam komt, in het bloed over. Stelt u zich voor dat u een normaal mens bent. Uw bloed zal daardoor sterker in beweging komen. Daardoor ontstaan ontstekingen, maar uw hart zal ertegen kunnen. Is echter een hartkwaal aanwezig en wordt de ik-organisatie door het gif versterkt, dan slaat dat tegen een enigszins zieke hartklep aan; en het gevolg daarvan is dat die persoon flauwvalt of zelfs kan sterven. Dat is de situatie waarover meneer Müller vertelde.

Maar nu is het merkwaardige dat alles wat een mens ziek kan maken of kan doden, hem ook kan genezen. En dat is nu de grote verantwoordelijkheid die men bij de bereiding van geneesmiddelen heeft, omdat elk passend geneesmiddel bij een verkeerde toepassing dezelfde ziekte, die men ermee kan genezen, ook kan opwekken.[27] Als u dus bij een mens een bepaalde flauwte of zelfs de dood kunt veroorzaken door middel van het bijengif, wat gebeurt daar dan? Ja, ziet u, als een mens flauwvalt, dan trekken het astrale lichaam en met name het ik zich terug uit zijn fysieke lichaam; die gaan eruit net als in de slaap, alleen in de slaap op een gezonde manier, in de bewusteloosheid op een ziekelijke manier. In de bewusteloosheid blijft het ik namelijk onderweg steken, in de slaap gaat het volledig uit het lichaam. Als de mens een zwakke ik-organisatie heeft, kan hij het ik niet meer naar binnen halen. Men moet hem schudden en porren, zijn ademhaling versterken en dergelijke om hem uit zijn bewusteloosheid te doen ontwaken. Men moet dan bepaalde kunstgrepen toepassen. U weet wel hoe dat gaat: men moet de onderarmen van die persoon over zijn borst kruisen, terugbuigen, en dan weer naar voren brengen. Zo past men kunstmatige ademhaling toe op een bewusteloze. Deze kunstmatige ademhaling heeft altijd als doel de ik-organisatie weer op de juiste wijze in het organisme terug te brengen.

Neemt u nu eens aan dat er iemand is met reumatiek of zelfs jicht of nog andere afzettingen in zijn lichaam. Dan moet men proberen om de ik-organisatie te versterken. Want waarom heeft men reumatiek of jicht? Omdat de ik-organisatie te zwak is. Zij brengt het bloed niet op de juiste manier in beweging. Zij moet gestimuleerd worden. Als het bloed niet op de juiste wijze beweegt, bijvoorbeeld voor het betreffende organisme te langzaam stroomt, dan zetten zich overal kleine kristalletjes af en die komen dan in de buurt van de aders naar binnen. Die kleine kristallen bestaan uit urinezuren. Die verspreiden zich door het hele lichaam. Dat is dan jicht of reumatiek. In dat geval is de ik-organisatie te zwak.

Geef ik nu aan zo iemand de juiste dosis bijen- of wespengif, dan wordt zijn ik-organisatie versterkt. Alleen mag men niet te veel geven, anders kan de ik-organisatie zich niet staande houden. Als men echter precies zo veel geeft dat de ik-organisatie sterker wordt, dan kan men uit bijengif of uit wespengif een zeer goed geneesmiddel bereiden. Alleen moet men het wel met een ander middel vermengen. Zo wordt dat geneesmiddel gemaakt. Zo is bijvoorbeeld het oude zogenaamde tartarusmiddel[28] op een dergelijke manier gemaakt, maar wel uit andere bestanddelen.

Dus men kan altijd juist met deze giftige stoffen geneesmiddelen maken, zoals hier bijvoorbeeld ter versterking van de ik-organisatie. Maar als men zo'n geneesmiddel toepast, moet men wel de betreffende patiënt kennen. Stel bijvoorbeeld dat iemand jicht of reumatiek heeft. De eerste vraag moet zijn: is zijn hart gezond, dat wil zeggen, functioneert zijn hart goed onder de invloed van de bloedcirculatie? Als dat het geval is, dan kan men hem genezen met bijen- of wespengif. Als zijn hart niet gezond is, dan moet men onderscheid maken. Bij nerveuze hartaandoeningen kan het niet veel schade aanrichten, maar als men een hartkwaal heeft als gevolg van een hartklepgebrek, moet men met zo'n middel wel heel voorzichtig zijn. Met bijen- of wespengif deelt men een nogal sterke klap uit op de klep, op het hart. Als de hartklep ziek is kan men deze geneesmiddelen soms helemaal niet gebruiken. Zo is dat nu eenmaal. Daarom is het zo gevaarlijk om in het algemeen te stellen dat een of ander middel een middel is tegen deze of gene ziekte. U kunt best zeggen: 'Ik maak een preparaat, een geneesmiddel. Daar voeg ik wespengif of ook bijengif aan toe.' Zo'n geneesmiddel hebben wij zelfs – vermeng het met een of ander bindmiddel, met gelatineachtige of andere bindmiddelen van plantaardige herkomst; dan wordt het in ampullen gedaan, vervolgens wordt het ingeënt, net zoals de bijensteek ook een inenting is. Alleen is de reactie op een bijensteek ontzettend veel heviger. En men kan dit geneesmiddel vervaardigen en dan zeggen: een geneesmiddel tegen reumatiek.

Ja, heren, dat is niet de enige zorg die men heeft, maar de werkelijke bezorgdheid is of de zieke het geneesmiddel verdraagt in verband met de algemene gezondheidstoestand van zijn organisme. Middelen die nu eenmaal dieper in het organisme inwerken, moeten eigenlijk pas gegeven worden als men de algemene gezondheidstoestand van de zieke gedegen onderzocht heeft. Men moet precies weten hoe het met zijn gezondheidstoestand gesteld is. Als u dus ergens middelen tegenkomt die gewoon in het algemeen voor het een of ander aangeprezen worden, dan zijn dat meestal middelen die weinig schade kunnen aanrichten en toch nuttig zijn. Zulke middelen kunnen in de handel komen. Men kan het er ook mee eens zijn, hoewel er in werkelijkheid ook enkele vervelende gevolgen kunnen zijn. Het genezen heeft altijd onaangename gevolgen. De zieke moet altijd eerst de gevolgen van zijn kuur te boven komen als men hem geneest van een ziekte.

Tegenwoordig laten heel wat mensen zich behandelen die helemaal niet ziek zijn. En vóór de oorlog[29] kwam dat nog veel vaker voor. De artsen hebben het in landen met een zwakke munt het zwaarst, omdat de mensen zich niet meer zo snel laten behandelen. Vroeger lieten gezonde mensen, een beetje zieke, zieke en ernstig zieke mensen zich behandelen; nu kunnen alleen nog maar de ernstig zieken zich in de landen van Midden-Europa laten behandelen!

Als iemand nu een enorm sterke vent is en hij krijgt reumatiek – meestal is het dan geen echte reumatiek, maar zijn het meer jichtachtige klachten – dan kan de steek van een bij, zoals meneer Burle heeft opgemerkt, bijzonder gunstig bij zo iemand werken. Hij kan genezen, omdat hij de reactie goed verdraagt.

Meestal kan een normaal mensenkind dat reumatiek heeft weliswaar een juiste dosis bijengif die men voor hem bereidt zowel als geneesmiddel goed verdragen als ook daarmee genezen worden. Maar een echte bijensteek zal gewoonlijk zo'n hevige ontsteking veroorzaken, dat dan de ontsteking zelf moet worden genezen, dat het bijengif zo mogelijk snel moet worden opgeruimd en dan zal er van het bijengif tegen de reumatiek niet veel meer overblijven. Dat zal bij normale mensen al alleszins zo zijn dat er niet veel meer over kan blijven.

Maar laten we nu het volgende geval nemen. Reumatiek kan ook op de volgende manier optreden: een mens werkt niet veel, maar eet heel veel. Dan zal hij meestal ook een heel gezond hart hebben, als hij niet veel werkt en wel veel eet, net zolang tot de situatie riskant begint te worden.

Het hart is wel een orgaan dat buitengewoon in staat is om weerstand te bieden en het kan eigenlijk pas na verloop van jaren van binnenuit van streek worden gebracht, als het tenminste niet door erfelijke aanleg of van jongs af aan te gronde is gericht. Maar zo iemand die buitengewoon veel eet, drinkt dan bij zijn eten ook veel alcohol. Daardoor wordt de ik-organisatie geprikkeld, de bloedcirculatie zeer heftig. Dat kan het hart met zijn hartslag helemaal niet meer bijhouden. Overal zet zich gif, urinezuur enzovoort af. Dan is soms het hart nog geruime tijd juist krachtig, en toch zit er overal jicht en reumatiek. Dan kan eventueel een bijensteek zo iemand een bijzonder goede dienst bewijzen.

Meneer Burle: Ik weet niet of bij de persoon over wie men dat zegt tegelijkertijd niet ook sprake is van een beetje alcoholisme.

Dr. Steiner: Bedoelt u dat u dat niet heeft onderzocht?

U ziet dat men juist als men de beschikking heeft over zulke geneesmiddelen als bijengif – en dat is een sterk geneesmiddel – er diep van doordrongen moet zijn, dat men bijzonder opmerkzaam moet zijn op de gezondheidstoestand van de gehele mens.

Meneer Müller zegt dat hij door kouvatten reumatiek heeft gekregen. Hij heeft die met zonnewarmte behandeld, waardoor de reumatiek verdwenen is. Deze zomer is de reumatiek weer wat teruggekomen. Hij geloofde ook dat men met bijensteken iets kon bereiken, maar hij had eens een ongeluksdag gehad, waarop hij in beide benen werd gestoken en ongeveer tweeëndertig bijensteken kreeg. Het enige nadeel dat hij ervan ondervond was dat hij acht dagen lang met alle kleuren van de regenboog rondliep. Ook treden er niet altijd zwellingen op. Het menselijk lichaam is nu eenmaal verschillend gebouwd. Zoals al is opgemerkt: de een kan zich door een bijensteek de dood op de hals halen, terwijl de ander bijvoorbeeld al zestigmaal is gestoken zonder dat zijn hart sneller heeft geslagen. De een heeft nu eenmaal minder weerstand dan de ander.

Dr. Steiner: Toen u zoveel keer gestoken werd, had u toen al lang met de bijen gewerkt?

Meneer Müller: Vele jaren!

Dr. Steiner: U herinnert zich misschien niet meer wanneer u voor het eerst bent gestoken. Als iemand voor de eerste keer wordt gestoken, merkt hij meer of minder de werking ervan. De man waarover u vertelde, is zeker voor het eerst door een bij gestoken. En als men een dergelijk gif eenmaal in zijn lichaam heeft gekregen, dus in het bloed, dan kan men steeds beter tegen dat gif, wordt men meer en meer immuun, zoals dat heet. Als iemand dus in het begin van zijn bijenhouden af en toe is gestoken en hij verder iemand met een gezond hart is, dan is de uitwerking daarvan dat hij er steeds ongevoeliger voor wordt. Als men weet dat men gezond is, kan men er zelfs voor zorgen dat men een keer door een bij gestoken wordt, waardoor men zich verder kan laten steken; dan treden de volgende verschijnselen op, dat men alle kleuren van de regenboog krijgt enzovoort, maar het speelt zich aan de buitenkant af. Het bloed is immuun gemaakt. Dat hangt niet alleen van het organisme af, maar ook van wat er voordien in het bloed is gebracht. Het verbaast mij dat de arts die bekeken heeft waarover u vertelde, niet tegen die man heeft gezegd: 'De tweede keer zal het niet zo erg werken en de derde keer zult u immuun zijn.' Maar misschien was zijn hart zo slecht, dat men hem niet aan het gevaar mocht blootstellen. Daar moet men ook rekening mee houden.

Maar tegenwoordig, nietwaar, is het wel een gevaarlijke zaak, omdat er ook artsen zijn die menen dat iedere bijenhouder vóór hij begint eerst moet worden ingeënt. Als de mensen aan een oorlog deelnemen, worden zij met allerlei giffen doordrongen. Dat is nu ook weer niet iets dat men moet aanbevelen. Dat kan natuurlijk ook niet, omdat het bloed dan vervuild kan raken. Het bloed wordt namelijk steeds een beetje slechter doordat men deze spullen in zich krijgt. Na enige tijd herstelt het evenwicht zich weer. Na een tijdje is het bloed inderdaad weer gezond en is het ook beschermd tegen nieuwe, soortgelijke vergiften.

Meneer Müller: In verband met de darren en de drie soorten eitjes. Dr. Steiner heeft alles al beantwoord, maar één ding is hem wellicht niet bekend. Als men meent dat het bijenvolk helemaal gezond is, dan kan op een bepaald moment blijken dat de koningin minderwaardig is of dat de koningin te oud wordt, waarbij alle eieren die de koningin legt darren worden. Met een ervaring van dertig jaar is hij ervan overtuigd dat het mogelijk is dat de koningin in haar toestand van minderwaardigheid, bij ziekte of ouderdomszwakte, toch nog in staat is af en toe een goed ei te leggen, maar dat het merendeel van alle eitjes toch darreneitjes zijn.

Verder, hoe zit het met de honingproductie van de bijen, hoe maken ze honing, moet de imker ze met suiker een handje helpen? Uit de uiteenzettingen die hier gehouden zijn, is gebleken dat de imker geen suiker mag of moet gebruiken. Als iemand tijdens de dracht suiker voert, komt hij op de zwarte lijst – zoals men wel doet met een arbeider die men kwijt wil, die uit de gunst is geraakt.

Met buitenlandse honing heeft hij slechte ervaringen gehad.

Dr. Steiner: Het is natuurlijk helemaal juist dat men niet hetzelfde product krijgt als men op kunstmatige wijze suiker gebruikt. En als iemand naast honing nog extra suiker wil eten, kan hij dat toch zelf doen. Net zo goed als men geen water in iemands wijn moet doen met het argument dat mensen niet zulke zware wijn moeten drinken. Maar het gaat er toch om dat men krijgt wat er op het etiket staat. Zo hoort het toch te zijn. En zo is wat dit betreft de onderlinge controle van de imkers het allerbeste, omdat zij ook het meeste ervan begrijpen.

Wat de kwestie van de darren betreft wil ik toch ook nog het volgende zeggen. Het kan wel eens voorkomen dat men van het begin af aan een vermoeden heeft dat de bijenkoningin niet goed bevrucht is en dat er daardoor te veel darren uitlopen. Omdat men het niet aan de bijen zelf wil overlaten – want als er te veel darren uitkomen, zullen de bijen daar niets aan doen – zijn hiertoe proeven gedaan. Dan kan men door heel krachtig te voeren alsnog bereiken dat ze eerder uitlopen, niet pas na 23 of 24 dagen, maar na 20, 22 dagen. Dan kunnen de darren wel nog wat kinds worden, maar toch soortgelijke bijen worden als de werksters. Maar op den duur zal dit niet lukken. Men kan er alleen aan aflezen wat voor invloed de tijd heeft.

Dat zijn natuurlijk dingen die waarschijnlijk in de praktijk van de bijenteelt helemaal niet worden gedaan. Maar theoretisch is het zo. In elk geval kan men zeggen dat het een grote invloed heeft hoe men voert, en het valt absoluut niet te betwisten dat het wel eens is gelukt om uit een werkbij een bij te maken die een paar eitjes legt, al werd het dan ook geen echte koningin.

Dit alles laat zien hoe zo'n dier te veranderen is. Maar op de praktische bijenteelt heeft dit niet veel invloed.

Meneer Müller: Men noemt dat een 'darrenbroedig volk'.[30] Dat is een ziekte in het bijenvolk.

Dr. Steiner: In de praktische bijenteelt heeft het niet veel te betekenen. Maar binnen het bijenvolk bestaat nu eenmaal de neiging dat het volk zelf door deze bijzondere manier van voeding kan realiseren dat uit een bij, die anders een gewone werkbij is, een bij ontstaat die eieren legt. Dat is een soort ziekte. Het bijenvolk is een eenheid. Dan is dus het hele volk ziek. Precies zoals men een gans met meelballen mest. Dan ontwikkelen de leverkrachten zich bijzonder sterk, de lever wordt meer dan gezond en het hele organisme wordt ziek. Als men een werkbij zover brengt dat zij een koningin wordt, is zij eigenlijk een te gezonde werkbij, maar het gehele bijenvolk is dan toch ziek te noemen.

Misschien valt u later nog het een of ander in. Wij kunnen hierop altijd weer terugkomen. Ik wil nu nog een paar dingen zeggen naar aanleiding van de vraag van meneer Dollinger.

Wij kunnen bij de insecten die aan de bijen verwant zijn, dat wil zeggen in ruimere zin verwant, een duidelijk onderscheid maken tussen bijen, wespen en mieren. Deze dieren zijn aan elkaar verwant en ik heb u de vorige keer al gewezen op het interessante verhaal van de galwespen, die hun eieren in bomen en zo leggen, en heb u uitgelegd dat door deze wespen een soort van innerlijke honingbereiding plaatsvindt. Maar er zijn ook andere wespensoorten dan galwespen. Deze andere soorten lijken weer meer op bijen, omdat zij een soort raten bouwen.

Er bestaat bijvoorbeeld een interessante wespensoort die als volgt bouwt. Als er bijvoorbeeld ergens een nogal stevig blad aan een tak zit, dan haalt de wesp uit de omgeving waar zij heen vliegt heel kleine stukjes, die zij van boomschors of iets dergelijks afbijt, die doordrenkt zij met haar speeksel, en maakt eerst een paar steeltjes uit dit materiaal. Nadat zij deze steeltjes heeft gemaakt, herhaalt de wesp steeds de volgende werkwijze: zij vermengt alles met haar speeksel en maakt aan de steeltjes iets vast dat sprekend lijkt op een cel van een bijenraat. Maar als men die substantie onderzoekt, is het toch wat anders. De bijenraat bestaat uit datgene wat u allemaal als was kent. Als u echter het bouwsel van de wesp bekijkt, dan is dat grijs en wat daar ontstaat lijkt erg veel op papierpap. Het is echt een soort papierpap. Daaraan maakt de wesp vervolgens een tweede, een derde en een vierde cel vast, die aan de bovenkant zijn opgehangen. Nu doet ze er een deksel op, nadat de cellen belegd zijn, dus als er eitjes in zijn gelegd. En terwijl het leggen van eitjes verder gaat, maakt de wesp hier merkwaardigerwijs met haar papier nog een soort lus aan vast [afb. 8 op blz. 102, links] en vervolgens weer een soort deksel. Aan één kant laat zij de lus open, daar zit een vlieggat, daar kan zij in- en uitvliegen en de cellen verzorgen.

Dan bouwt zij nieuwe cellen op en doet dat op dezelfde manier, doet er ook dekseltjes op, maakt er weer een lus aan, dan weer een deksel en hier een vlieggat. Het kan een heel lange kegel worden, net een dennenappel. Zij bouwt dus een dennenappelvormig bouwwerk, dat, hoewel het helemaal uit papierpap bestaat, heel erg op een bijennest lijkt.

Andere wespennesten zijn, zoals u weet, nog door een soort huid omsloten. Wespennesten hebben alle mogelijke vormen.

Denkt u er nu eens over wat daar eigenlijk gebeurt. Als u mij vraagt wat de bij doet om haar cellen uit was te maken, dan moet ik u zeggen: de bij vliegt op bloemen of bij bomen op iets soortgelijks. Met waar bast aan zit, met de houtige delen, bemoeit zij zich veel minder. In wezen gaat het haar om de bloesem, en hoogstens nog wat van bloesem overgaat in het bladachtige, maar dat toch al minder.

Slechts in één geval gaan deze hoge insecten net als de bijen naar iets anders dan naar de bloesem, naar het houtige en dergelijke gaan zij niet, zij gaan nog naar iets anders dat hun zelfs onder bepaalde omstandigheden buitengewoon goed smaakt – niet zozeer de bijen maar met name wespen en nog sterker mieren. Mieren en wespen – die in tegenstelling tot bijen enerzijds de harde bestanddelen, de al tot hout geworden bestanddelen voor hun bouwsel gebruiken – zijn namelijk toch ook bijzonder gesteld op het sap dat afkomstig is van bladluizen. Dat is heel interessant. Want hoe harder de stof, de materie die zij voor hun bouwsel gebruiken is, des te meer houden zij niet alleen van de nectar, maar ook van dat wat zich op de bloem bevindt, dat wat nog het meest overeenkomt met de bloem, namelijk bladluizen. Dat zijn bijzonder edele dieren – staat u mij toe dat ik nu meer in mierentaal spreek, in mensentaal zou ik dat niet zo benoemen – zo'n bladluis is in mierentaal een edel dier. Die is geheel en al plantenbloesem. Wat de bladluis als sap afscheidt, is eigenlijk [voor de mieren] de fijnste honing die er bestaat. Bij wespen merkt men bijvoorbeeld dat bladluizen voor hen een lekkernij zijn.

Maar nu we bij de mieren terechtgekomen zijn – de mieren missen de kracht om zo'n nest tot stand te brengen, zij doen het weer anders. Mieren hopen bijvoorbeeld aarde op, en in deze aarde vindt u overal gangen, een hele wirwar van gangen. Die lopen maar door. En door deze gangen slepen de mieren bijeen wat zij aan hardere bestanddelen van planten, schors en dergelijke verder nog gebruiken kunnen. Vooral mieren zijn bijzonder gesteld op hout dat al afgestorven is. Mieren gaan op zoek naar wat zij gebruiken kunnen om dit bouwsel, dat zij uit kleine stukjes aarde oprichten, verder uit te bouwen. Dan gaan ze vooral op een stuk hout af dat is blijven staan na het vellen van een boom. De stronk blijft achter. De stronk, waarvan de kern en de schors helemaal verhard zijn, daar gaan ze op af. Die slepen ze naar hun beginbouwsel en daaruit bouwen ze het nest op.

Bij: bloemensap: cellen van was
Wesp: bloemensap, dierlijk sap: ruwe cellen
Mier: dierlijk sap: geen cellen

Dus mieren gebruiken het allerhardste voor hun bouwsel. Daarvan kunnen zij geen cellen meer bouwen. Zo ver komen zij niet. Het materiaal dat zij gebruiken is te hard. U kunt zelf waarnemen dat bijen het materiaal gebruiken dat binnenin de bloemen zelf zit. Daaruit maken zij hun cellen van was, maar daardoor zijn zij er ook op aangewezen om hun voedsel uit dit bloemensap te verkrijgen.

Bij wespen is het materiaal dat zij voor het bouwen van hun cellen gebruiken al harder, het lijkt op papier. Het is harder, maar ook dun, en daardoor is het natuurlijk breekbaarder dan een honingraat, maar op zichzelf is het harder.

De wespen beginnen steeds meer fijnproevers te worden voor bladluizen, maar ze voeden zich toch ook nog op de manier van de bijen met datgene wat in planten zit. Maar mieren, die helemaal dat harde materiaal gebruiken, zodat zij alleen nog maar gangen in de aarde kunnen maken, zodat zij holen bouwen, geen raten met cellen kunnen bouwen, die houden al helemaal van bladluizen. En bij mieren komt het voor dat zij hele groepen bladluizen vangen en in hun bouwsel naar binnen slepen, en in dat geval kunt u in de mierenhoop dus bladluizen vinden.

Dat is heel interessant. Als men een dorp binnenkomt, ziet men een rij huizen en daarachter staan overal koeienstallen. Daarin staan de melkkoeien, daar wint men melk. Bij mieren gaat het net zo: overal in de mierenhoop vindt u kleine bouwsels, daarin zitten bladluizen [afb. 8 op blz. 102, rechtsonder]. Voor de mieren zijn dat de melkkoeien. De mieren werken alleen duidelijk op kleinere schaal. Zij hebben daar hun kleine koeienstal, maar er staan geen koeien in, maar bladluizen. De mieren gaan naar de bladluizen toe en strelen ze met hun voelsprieten. Dat vindt een bladluis heel erg prettig en zij geeft dan haar sap prijs. En het gevolg is dat de mier het sap kan opzuigen dat zij door het strelen van de bladluis heeft verkregen. Het belangrijkste dat zij voor haar voeding nodig heeft krijgt zij, doordat zij het sap van de bladluis door strelen ontvangt. Bij de koeien is ook zoiets aan de hand, alleen moeten die krachtig gestreeld worden. Maar bladluizen worden door de mieren echt gemolken. En zij worden onderschept bij de bloemen en de bladeren waarop zij gaan zitten, en worden door de mieren prima verzorgd.

En dus kan men zeggen: 'Het is toch heerlijk dat er bladluizen zijn.' Het is namelijk heerlijk dat er bladluizen zijn als er in de buurt mierenhopen zijn. Dan worden de bladluizen door de mieren met zorg verzameld en vervolgens wordt er in de koeienstal van de mieren profijt van getrokken. De natuur is hier sterk met geest doordrongen, zodat bij die kleine diertjes een echte koehandel met bladluizen bestaat.

Welnu, de mier, die zulk hard materiaal verwerkt in haar bouwsel, kan zich ook eigenlijk niet meer tevreden stellen met alleen bloemensap. Die moet als voedsel wel iets nemen wat het bloemensap al aan een dier heeft gegeven. Het bloemensap moet al door een dier heengegaan zijn. Dus kan men zeggen: bij bijen gaat het nog om het zuivere bloemensap, bij wespen gaat het om bloemensap en dierlijk sap, dus ook om steviger cellen. Bij mieren bestaat de eigenlijke voeding alleen nog uit dierlijk sap, daardoor maakt de mier helemaal geen cellen meer. De mier heeft niet meer de kracht om cellen te bouwen, zij moet – ook al haalt zij nog wel iets uit de bloemen – vooral deze aanvulling uit haar kleine dierenstal krijgen, anders kan zij niet leven.

U ziet hoe interessant die relatie tussen bloemen en deze dieren eigenlijk is. Bijen gebruiken bloemensap in zuivere vorm. De andere twee diersoorten – wespen en vooral mieren – zijn er al op aangewezen om dit bloemensap als voeding eerst door dieren te laten gaan. Daarentegen kunnen zij dan voor de opbouw van hun behuizing datgene gebruiken wat geen bloemensap meer is.

Er is echt een groot verschil tussen de bijenraat die uit was is gemaakt, het nest van de wespen uit papier en het bouwwerk van de mieren dat alleen maar van buitenaf gebouwd kan worden en waarin geen cel meer kan worden gevormd. Daarom is er dat grote verschil in voeding.

Zevende voordracht

Dornach, 15 december 1923

De betekenis van mierenzuur

Goedemorgen, heren! Ik zal vandaag de beschouwing vervolgen die wij de laatste keer naar aanleiding van de vraag van de heer Dollinger hebben gehouden. Als er zich nog iets anders aandient, dan kunnen wij dat ook nog behandelen. Om de vraag te beantwoorden ben ik de vorige keer uitgegaan van het beschouwen van mieren. Wij kunnen immers bijen, wespen en mieren verwante diersoorten noemen, al laten ze elk een heel verschillende levenswijze zien, als wij ze goed bekijken. En uit dat alles kan men eigenlijk bijzonder veel leren over hoe het er in de wereld aan toe gaat. Want hoe dieper men op deze dieren en hun manier van leven ingaat, des te sterker wordt de indruk hoe wijs alles is geordend in het werken van deze dieren en in wat zij tot stand brengen.

De vorige keer heb ik u verteld hoe mieren hun bouwsel opzetten, dat zij dat ofwel uit heuveltjes die uit aarde bestaan samenstellen, of uit kleine snippertjes, die zij uit vermolmd of uit hard hout van een dode boom bijeenbrengen, en daar voegen zij nog andere dingen aan toe. Daarmee stellen zij hun aarden heuvel samen. In deze hoop aarde is een verscheidenheid aan gangen te vinden, waardoor zij zich in grote scharen, in hele optochten voortbewegen. Men ziet ze dan uit de openingen komen en in de buurt verzamelen ze wat zij willen verzamelen.

Maar het komt ook voor dat deze dieren niet eerst bouwsels

voor zichzelf aanleggen, maar gebruik maken van wat er al is. Men heeft bijvoorbeeld ergens een boom omgehakt. De stronk, waarvan de boom afgehakt is, zit nog in de grond. En dan komt er zo'n mierenkolonie aan en maakt binnenin die stronk een kamer: de mieren knagen zich naar binnen, maken een kamer en knagen allerlei mogelijke gangen, die naar buiten leiden [afb. 9 op blz. 103, linksonder]. Zij hogen het misschien een beetje met aarde op, maken een gang, een andere gang, nog een derde, enzovoort. De gangen zijn ook nog onderling verbonden. Het is daarbinnen een hele wirwar van gangen. Daar lopen de mieren door en halen wat zij voor hun bouwsel en wat zij als voedsel nodig hebben uit de omgeving.

Kijk, heren, om nu te zeggen dat dit alles berust op het instinct van de dieren – nu ja, goed, dat is mooi, maar het zegt niet veel. Want als zij niet over zo'n boomstronk kunnen beschikken, bouwen zij een heuvel van zand. Als zij wel een geschikte boomstronk vinden, doen zij het zo, dat zij zich het werk van het opbouwen van een heuvel besparen. Dus zij passen zich aan de gegeven omstandigheden aan. En dan wordt het wel erg moeilijk te stellen dat de mier een algemeen instinct heeft. Dat zou betekenen dat de mier alles zo maakt zoals het in haar instinct zit. Maar zij schikt zich naar de uiterlijke omstandigheden. Dat is belangrijk.

Bij ons komt het niet zo vaak voor, maar zodra men in zuidelijker streken komt, zijn mieren vaak een ware plaag. Stelt u zich eens voor dat er ergens een huis staat en in de een of andere hoek, waar de bewoners dat lang niet in de gaten hebben, hebben zich mieren gevestigd. Zij dragen allerlei spullen uit de omgeving naar binnen, zandkorrels, houtsplintertjes, en ze bouwen daar, waar men al lange tijd niet heeft kunnen schoonmaken, eerst een heel klein kamertje, dat men niet opmerkt. En van daaruit maken zij hun gangen naar de keuken, naar de voorraadkamer, en dat op een zeer gecompliceerde manier. En zij halen het benodigde voedsel en andere zaken uit de keuken en de voorraadkamer, zodat het in die zuidelijke streken kan gebeuren dat zo'n huis eigenlijk helemaal doordrongen is van een mierenhoop. Echt, men weet helemaal niet dat men er als huisgenoot van zo'n mierenhoop woont. Men merkt het pas als men toevallig eens op die plek komt of als men ziet dat er iets in de voorraadkamer is aangevreten en dan ontdekt men de oorzaak pas als men een van die gangen volgt.

Opnieuw kunnen wij met het instinct niet veel beginnen, want dan zou men moeten zeggen: de natuur heeft in deze dieren het instinct gelegd om nu juist in dit huis een bouwwerk op te richten. Dat moet dan toch zo worden gebouwd dat het bouwwerk precies in het huis past. U ziet dus wel dat deze dieren eigenlijk niet alleen maar uit instinct handelen, maar dat daar sprake is van wijsheid.

Maar als men nog eens een enkele mier onderzoekt, dan komt men niet op de gedachte dat zij bijzonder wijs is. Wat zij doet als men haar afzondert van haar kolonie, en wat men haar dan laat doen, ziet er niet erg wijs uit. De conclusie daarvan is, dat men eraan moet denken dat niet de afzonderlijke mier, maar de hele mierenhoop als zodanig verstand heeft. De mierenhoop als geheel is wijs. En de afzonderlijke mieren binnenin de mierenhoop, zij zijn het niet die één voor één verstand hebben. Er wordt daar dus op een buitengewoon interessante manier gewerkt.

Maar er zijn nog veel, ik kan zeggen, nog veel interessantere dingen die daar gebeuren. Er is zelfs een mierensoort die het op de volgende manier doet. Die richt ergens op de grond een soort wal op [afb. 9 op blz. 103, linksboven] – daar is het opgehoogd. Daar vormt zij dan een ring en dat is de aarde die eromheen ligt. Daar graaft zij zich dan naar binnen. Daarbinnen zitten de mieren. Het kan ook zo gaan, dat het als een vuurspuwende berg is opgezet. Binnenin lopen de gangen die naar de omgeving leiden.

Welnu, die mieren gaan dan iets heel bijzonders doen. Deze mieren bijten alle grassen en planten die in de omgeving staan af, op één enkele grassoort na. Alles wat niet tot deze grassoort behoort bijten ze weg. En vaak is het zo dat zij alles afbijten, zodat er in het midden een soort heuvel is en daaromheen lijkt het alsof de grond mooi geplaveid is. Want omdat zij alles wegbijten krijgt de bodem een dichtere structuur. Dat wordt een zeer vaste bodem. Dus daar ligt dan die mierenhoop en in een kring eromheen lijkt de grond wel geplaveid: helemaal glad, net asfalt, maar dan lichter van kleur.

Nu begeven de mieren zich weer in de omgeving en halen een bepaalde grassoort[31] en die gaan ze verbouwen. Als de wind andere zaden aanvoert, bijten zij de stengels onmiddellijk af als ze uitkomen, en gooien ze buiten het gebied dat zij glad hebben gemaakt. In de hele omgeving groeit dan alleen die ene grassoort. De mieren hebben daar een stuk grond in bezit genomen en daarop ringvormig een grassoort verbouwd, die zij nu juist nodig hebben. Zij laten niets anders toe, gooien al het andere eruit, bijten alles af. De grassoort die daar groeit, gaat er heel anders uitzien als hetzelfde gras daarbuiten. Want dat gras groeit bijvoorbeeld in een lossere bodem. Daar ziet het er heel anders uit. Deze bodem is echter door de mieren hard gemaakt, zodat het gras dat daar groeit, dat door de mieren is aangeplant, heel harde zaden heeft, zaden zo hard als kiezelsteen.

Ja, heren, zulke mierenhopen kan men aantreffen. Een heel landbouwbedrijf ringvormig eromheen – deze mieren doen aan akkerbouw![32] Zo heeft Darwin[33] het genoemd, die heeft deze zaak nauwkeurig onderzocht. Men vindt dus ringvormig eromheen dit hele bedrijf, de grond en de kleine rijstkorreltjes, maar de zaden zijn keihard. Als dan alles klaar is, komen de mieren naar buiten, bijten de stengels bovenaan af en dragen deze naar binnen in hun bouwsel. Ze blijven dan een hele tijd binnen, men ziet ze niet meer. Maar binnenin hun bouwsel werken zij. Alles wat zij niet kunnen gebruiken, wat als kleine halmen aan de vruchten, die zo hard zijn als kiezelstenen, nog is blijven zitten, bijten zij ervan af, en na enige tijd komen de mieren naar buiten, lopen daaroverheen [afb. 9 op blz. 103, linksboven] en gooien alles wat zij niet kunnen gebruiken buiten hun akker. Zij bewaren in hun mierenhoop alleen de zaden, die zo hard als kiezelstenen zijn, die zij met behulp van hun zeer sterke kaken gedeeltelijk als voedsel gebruiken, gedeeltelijk ook om binnen verder te kunnen bouwen. Het zijn echte boeren; ze onderzoeken wat zij in hun buurt wel en niet kunnen gebruiken. Wat ze niet kunnen gebruiken, gooien ze er weer uit. Per slot van rekening doen de mensen niet veel anders. Zij gaan heel netjes om met datgene wat ze voor zichzelf kunnen gebruiken, deze landbouwbedrijvende mieren.

Dat is iets waarvan men zich afvraagt: wat gebeurt daar eigenlijk, nauwkeurig beschouwd? – Ziet u, daar wordt eigenlijk een heel nieuwe grassoort ontwikkeld! Zulke rijstkorrels, zo hard als kiezelstenen, zoals die daar groeien, die komen verder nergens voor. Die worden alleen door mieren gekweekt. En de mieren verwerken ze ook weer. Wat gebeurt daar eigenlijk? Voor wij daar verder op ingaan, willen wij de zaak nog van een andere kant bekijken.

Als wij weer terugkeren tot de wespen, dan vinden wij, zoals ik u heb verteld, dieren die hun eieren in de bladeren en in de schors van bomen leggen, waaruit dan de zogenaamde galappels groeien, waaruit dan weer de jonge wespen zich ontwikkelen.

Het kan ook anders gaan. Er zijn van die rupsen die er ongeveer zo uitzien [afb. 9 op blz. 103, rechtsboven]. Die kent u allemaal, zulke rupsen die eigenlijk heel sterk behaard zijn, die heel stekelig zijn. Met zo'n rups kan het volgende gebeuren. Er komen één of meer wespen van een bepaalde soort[34] en die leggen hun eitjes gewoon in die rups. Als die rijp zijn, kruipen er larven uit de eitjes. De larven vormen immers de eerste gedaante, waarin zowel bijen als andere insecten van deze soort verschijnen.

Bij mieren is dat ook zo. Zoals u weet vindt u in een hoop, als u die afgraaft, daarin de witte zogenaamde miereneieren, die men aan bepaalde zangvogels te eten geeft. Maar deze miereneieren zijn geen echte eieren, maar poppen. De eieren zijn klein en daar zijn eerst de larven uitgekropen. Ten onrechte noemt men de poppen miereneieren.

Als de wesp haar eieren in de rups legt, is dat heel merkwaardig. Ik heb u daar al eens over verteld.[35] De larven die eruit kruipen zijn erg gulzig. Nu zitten er talloze larven in die rups. De larven zijn dus vraatzuchtig, zij vreten van het lichaam van de rups. En daar is iets heel merkwaardigs aan de hand – zoals gezegd, ik heb het u al eens verteld – zodra één van de wespenlarven de maag van de rups zou aanvreten, zou het hele wespengebeuren in de rups te gronde gaan, zou het niet kunnen blijven leven. Als het orgaan bijvoorbeeld het oog is of met het hart samenhangt of voor de spijsvertering van de rups dient, als dat aangevreten wordt, zou het leven niet verder kunnen. Deze kleine wespenlarven laten zien dat zij het verstand hebben nergens in te bijten of aan te vreten wat de rups nodig heeft om verder te kunnen; maar bijten in en vreten alleen van die organen die men langdurig kan verwonden. Het dier sterft niet, maar wordt hoogstens ziek. Maar de wespenlarve kan daarin doorvreten.

Dus het is heel wijs geregeld dat deze wespenlarven nergens van vreten wat de rups te gronde kan richten. Misschien heeft u wel eens gezien hoe de larven vervolgens uitkomen als zij volgroeid zijn. Zij kruipen naar buiten en de hele rups was eigenlijk hun pleegmoeder. Met haar eigen lichaam was zij de pleegmoeder van dit hele broedsel. Die kruipen nu naar buiten, ontwikkelen zich daarbuiten verder tot sluipwespen en zoeken nu hun voedsel bij bloemen, enzovoort. En dan, als ze er rijp voor zijn, leggen zij hun eieren ook weer in zulke rupsen.

Nu kunt u zeggen: daarbinnen is eigenlijk iets enorm intelligents gaande! En inderdaad, ik zei het u al, men krijgt, als men deze dingen bekijkt, daar steeds meer bewondering voor. Dat kan ook niet anders. Men raakt in verwondering en vraagt zich dan af:

wat zit er eigenlijk voor samenhang in dit geheel? – Laten wij de zaak eens, ik zou willen zeggen, tot op de bodem nagaan. Allereerst zeggen we dan: uit de aarde groeien de bloemen. Daar zitten de rupsen op. En nu komen de insecten erbij, ze vreten zich vol aan de bloemen en aan de rupsen, en planten zich dan weer voort. Deze geschiedenis begint steeds van voren af aan. En wij mensen denken dan aanvankelijk dat die hele insectenwereld eigenlijk wel gemist zou kunnen worden. Zeker als men naar de bij kijkt, dan zeggen wij mensen: bijen leveren ons honing en daarom is de bijenteelt nuttig voor ons. Goed, maar dat is vanuit het standpunt van de mens bekeken. En als bijen rovers zijn, die van de bloemen gewoon de honing afnemen en wij mensen die dan gebruiken om ons met deze honing te voeden of zelfs ons met deze honing te genezen, dan is dat voor ons zeer gunstig. Maar vanuit het standpunt van de bloemen lijkt het eerder op een ordinaire diefstal en alsof wij mensen aan die diefstal medeplichtig lijken te zijn. De vraag is dus: is het standpunt van de bloemen zo dat die vinden: daar buiten zijn die dieven – bijen, wespen, mieren – die nemen ons sap weg, en wij zouden veel beter gedijen als die ons sap niet zouden wegnemen?

Dat is een standpunt dat de mens gewoonlijk bij de bloemen veronderstelt. En u kunt zelfs veel geklaag horen bij onwetenden, die daarover zeggen: 'Ach, die arme bloemen! Ach, die arme beesten, die rupsen! Daar heb je die vreselijke klaplopers, ze eten ervan, doen al het mogelijke om van de bloemen iets te stelen.' Zo is het echter niet. Zo is het volstrekt niet, de situatie is volkomen anders. Als men namelijk een bloem nadert en men ziet het insect daarop zitten, laten we zeggen een bij, terwijl deze uit de bloem of uit de wilgenbloesem het sap opzuigt, dan moet men zich afvragen: hoe zou het voor de plant zijn als er geen bij of wesp of ander insect naar toe zou komen om dit sap eruit te zuigen? Hoe zou het dan zijn? Dat is natuurlijk een vraag die moeilijker te beantwoorden is dan het verhaal van de simpele diefstal, omdat men dan in de hele huishouding van de natuur een kijkje moet nemen. En daarbij komt nog dat men tot geen enkel inzicht komt, als men niet terug kan kijken naar de eerdere stadia van de aardeontwikkeling.

De aarde was immers niet altijd zo zoals ze nu is. Als de aarde altijd zo geweest zou zijn als ze tegenwoordig is, dat men buiten dode kalk, dode kwarts, dood gneis, glimmerschist enzovoort vindt, dat men daar planten ziet groeien uit de ons bekende zaden, ginds de dieren, enzovoort – als de aarde altijd zo geweest zou zijn, dan kon alles zoals het nu is er helemaal niet zijn. Dan zou het helemaal niet kunnen bestaan! De mensen, die met hun wetenschap eigenlijk pas beginnen bij wat er tegenwoordig is, geven zich aan een complete misleiding over, want dat is absoluut onmogelijk. Mijne heren, wie de geheimen, de wetmatigheden van de aarde daar zoekt waar de huidige wetenschap dat doet, die is als een bewoner van Mars die naar de aarde was afgedaald en geen oog had voor de levende mensen, maar alleen een grafkamer binnenging en daar de doden bekeek. Deze doden zouden er niet kunnen zijn als ze daarvoor niet levend waren geweest! De Marsbewoner, die nog geen levend mens heeft gezien en alleen maar doden ziet, die zou men eerst bij levenden moeten brengen. Dan zou hij kunnen zeggen: 'Ach ja, nu begrijp ik waarom de doden er zo uitzien, vroeger begreep ik dat niet omdat ik het leven dat eraan voorafging niet kende.' En zo moet men, als men de wetten van de aardeontwikkeling wil leren kennen, teruggaan naar de situaties van vroeger. Ziet u, aan de huidige aarde is een heel andere vormtoestand voorafgegaan. Ik heb dat altijd de maantoestand genoemd, en in mijn boek *De wetenschap van de geheimen der ziel* wordt dit de maantoestand genoemd, omdat de huidige maan een restant is van deze oude aarde. En zo zijn er nog andere stadia van de aarde aan voorafgegaan. De aarde heeft zich omgezet, in oorsprong was zij iets heel anders.

Nu bevond de aarde zich ooit in een zodanige toestand dat

dergelijke planten en zulke insecten zoals ze er nu uitzien er helemaal niet waren, maar de situatie was zo: ziet u, er was, laten we zeggen, iets dat met de huidige aarde te vergelijken is. Daaruit groeiden vormen die op planten leken, maar dan dusdanige plantachtige vormen, dat ze voortdurend veranderden, dat ze voortdurend andere vormen kregen, net als de wolken. Zulke wolken waren er in de omgeving van de aarde [er wordt getekend]. Maar het waren niet zulke wolken zoals de huidige wolken buiten eruitzien, die dood zijn, althans dood schijnen te zijn, maar het waren levende wolken, net zoals de huidige planten leven. Als u zich voorstelt dat de huidige wolken levend worden en groenig, dan heeft u een voorstelling van de toenmalige plantenwereld.

In dit verband zijn veel heren uit de wetenschappelijke wereld vreselijk komisch. Onlangs kon u in de krant een buitengewoon grappig bericht lezen. Er was weer eens een nieuwe wetenschappelijke ontdekking gedaan, helemaal in de stijl van tegenwoordig. Het was vreselijk grappig! Er was namelijk gebleken dat melk die op een bepaalde manier behandeld is een goed middel tegen scheurbuik is, tegen een afschuwelijke ziekte.

Welnu, heren, wat doet de wetenschapper van tegenwoordig? Ik heb u er al eerder opmerkzaam op gemaakt: hij analyseert de melk. Dan vindt hij dat in melk bepaalde chemische bestanddelen voorkomen. Maar ik heb u ook al verteld dat men muizen met sommige van die chemische bestanddelen zoals ze in melk zitten kan voeren; als men ze echter afzonderlijk geeft, dan creperen de muizen na enkele dagen! Dat hebben de leerlingen van professor Bunge ook vastgesteld en zij hebben net zo makkelijk gezegd: 'Nu ja, er zit nu eenmaal een levensstof in melk en ook in honing: vitamine!' U weet het, ik heb het voorbeeld al eens genoemd. Het is hetzelfde als wanneer men zou zeggen: de armoede komt van de pauvreté. Zo zegt men hier: er zit vitamine in.

Men heeft dus een belangrijke ontdekking gedaan: in melk

zitten allerlei stoffen die heel kunstmatige namen hebben. En inderdaad is melk een geneesmiddel tegen scheurbuik als zij op een bepaalde manier wordt bereid. Maar nu is op een echt geleerde manier onderzocht of scheurbuik ook geneest als men deze stoffen met die geleerde namen die in melk zitten afzonderlijk aan de zieken, aan de lijders aan scheurbuik geeft. Van geen van deze bestanddelen werden zij beter! Maar als de bestanddelen samen in melk zitten en melk op een bepaalde wijze wordt bereid, dan kunnen zij de zieke met scheurbuik genezen. Elk afzonderlijk bestanddeel op zich geneest niet, alleen het geheel geneest.

Maar wat blijft er dan over, vraagt de geleerde zich af. Als men alle bestanddelen weghaalt, wat blijft er dan over? Want nu streept hij ze allemaal weg. Dat deze bestanddelen in een etherlichaam zitten, dat geeft hij niet toe; maar hij streept ze allemaal weg, en wat blijft er dan over? Hij zegt: vitamine! Vitamine, die dus de scheurbuik moet genezen, zit in geen van die bestanddelen. Waar zit die dan? En nu komen die lui met een prachtige oplossing: dan zit dat nu in het vocht van de melk, omdat het in al het andere niet zit. En daarom geneest scheurbuik door water!

Dat is toch geweldig grappig, maar het is tegenwoordig een heel geleerde kwestie. Want als water vitamine bevat, dan zouden wij met onze geleerdheid op het punt zijn gekomen, waarbij de wolken buiten kunnen leven. Want dan moeten wij naar buiten kijken en zeggen: in water zit overal vitamine. Dan zouden wij namelijk in de situatie zijn waarin de aarde ooit was. Alleen is dat nu niet meer het geval.

Dus er was toen – om het zo te zeggen – een plantengeheel, een levend plantendek. En dit levende plantendek werd overal vanuit de omgeving bevrucht. Er waren ook geen afzonderlijke dieren; er kwamen geen wespen voor, maar uit de omgeving kwam wel een soort substantie die op een dierlijke manier leefde [er wordt getekend]. Zo was ooit onze aarde in een toestand die men ongeveer zo kan beschrijven: zij was omgeven met wolken die plantenleven in zich droegen en naar deze wolken kwamen vanuit de omgeving andere wolken. Die bevruchtten de eerste en waren dierlijk van aard. En uit de kosmos kwam het dierlijke en vanuit de aarde kwam het plantaardige naar boven.

Dat is allemaal veranderd. De toenmalige planten zijn onze vast omgrensde bloemen geworden, die uit de aarde omhoog groeien, die geen grote wolken meer vormen. Maar deze bloemen hebben nog wel behouden dat zij vanuit de omgeving willen worden beïnvloed. Er groeit uit de aarde een roos omhoog [afb. 10 op blz. 103, links]. Daar is een rozenblad, nog een rozenblad, een derde enzovoort. Dan komt een wesp. Deze wesp knaagt een stukje uit het rozenblad, brengt het naar haar wespennest en bouwt daarmee of voedt er haar jongen mee. Dat wordt door de wesp gewoon afgeknaagd en daarheen gebracht. Welnu, zoals gezegd, onze rozenstruiken zijn geen wolken meer, het zijn scherp begrensde dingen geworden. Maar wat daarbinnen heeft geleefd en wat verbonden was met hetgeen van alle kanten als het dierlijke erop afkwam, dat is desondanks in de rozenblaadjes en in de bloeiende roos gebleven! Dat zit er binnenin. In ieder rozenblaadje zit iets dat zich niets anders kan wensen dan op een bepaalde manier bevrucht te worden door de hele omgeving.

En ziet u, heren, wat deze bloemen nodig hebben, wat zij absoluut nodig hebben, dat is een stof die ook in het menselijk lichaam een belangrijke rol speelt. Als u namelijk het menselijk lichaam onderzoekt, dan vindt u daarin de meest verschillende stoffen. Al deze stoffen metamorfoseren voortdurend. Maar overal in het menselijk lichaam veranderen deze stoffen tenslotte in iets dat in een bepaalde hoeveelheid altijd in het menselijk lichaam aanwezig is. Het menselijk lichaam heeft het nodig. Dat is mierenzuur.

Als u naar buiten gaat naar een mierenhoop en u verzamelt daar mieren en perst ze uit, dan krijgt u een sap. Dit sap bevat mierenzuur en een beetje alcohol. Dit sap zit in de mieren. Maar dit sap heeft u in een heel fijne verdunning ook in uw lichaam. Wat u tijdens uw leven eet, verandert altijd in mierenzuur – niet uitsluitend daarin, er zijn natuurlijk ook nog andere dingen, maar voor een klein gedeelte. Dit mierenzuur verspreidt zich door uw hele lichaam. En als u ziek bent en niet genoeg mierenzuur in u heeft, dan is dat voor het lichaam iets heel ernstigs. Want dan zal uw lichaam, juist omdat u niet genoeg mierenzuur in u heeft – en nu kom ik nog op de vraag van meneer Müller terug, meteen als antwoord daarop – jichtig of reumatisch worden. Het lichaam vormt te veel urinezuur en te weinig mierenzuur.

Mieren hebben dus iets in hun lichaam dat de mens ook nodig heeft. Maar mierenzuur is iets dat in de gehele natuur gebruikt wordt. Eigenlijk kunt u nergens boomschors vinden zonder dat er in de boomschors mierenzuur zit. In de hele boom zit, net als in het menselijk lichaam, overal mierenzuur. In ieder blad, overal moet mierenzuur zitten. Maar er moet niet alleen mierenzuur in zitten, maar ook dat wat verwant is aan mierenzuur, wat wespen hebben, en ook aan dat wat bijen van binnen hebben, wat dan tot bijengif wordt. Deze insecten dragen allemaal een bepaalde stof in zich die giftig is. Als iemand door een bij gestoken wordt, dan krijgt men ontstekingen; wordt men door een wesp gestoken, ja, dan kan iemand er vaak erg aan toe zijn. De situatie met wespensteken is heel akelig. Daarover vertelt Brehm[36] een aardig verhaal,[37] hoe die insecten eens mensen en dieren lelijk hebben toegetakeld.

Het gaat ongeveer zo: een koeienherder, nog een jongen, heeft een aantal koeien in de wei en deze wei is vergeven van insectenbouwsels. De herdershond loopt rond. Plotseling wordt de herdershond krankzinnig, loopt als een gek rond en men begrijpt niet wat er met hem aan de hand is. Hij loopt zo hard hij kan naar de beek in de buurt en stort zich erin, en schudt zich en schudt zich. De herdersjongen is er heel erg van geschrokken, hij komt de hond te hulp, maar van een afstandje. Hij springt niet in de beek, maar wil hem op afstand helpen. Ongelukkigerwijze trapt hij op een insectenhoop, zoals de hond waarschijnlijk ook had gedaan, en nu wordt hij ook door ze gestoken. Nu loopt hij ook als een waanzinnige rond en springt ten slotte ook in de beek. Doordat de hond weg is en de herder ook ontstaat er steeds meer verwarring in de kudde. De koeien die ook op een insectenhoop stappen, worden eveneens gestoken en gedragen zich als krankzinnigen. En tenslotte staat ook een groot deel van de kudde in de beek, alsof ze gek zijn!

Dus zulke steken van insecten kunnen iemand nogal lelijk toetakelen. Al deze dieren hebben tenslotte iets giftigs in zich. En bovendien krijgt u ook een kleine ontsteking als u door een mier wordt gebeten, want zij laat mierenzuur in de wond lopen. Dit mierenzuur is anderzijds in de juiste verdunning ook in alles wat leeft aanwezig.

Mijne heren, als er nu eens geen mieren, geen bijen en wespen zouden zijn, die eigenlijk de bereider van deze giffen zijn, wat zou er dan gebeuren? Dan zou precies hetzelfde gebeuren als wat er met de voortplanting van de mensheid zou gebeuren als u plotseling alle mannen onthoofdde en alleen de vrouwen op aarde liet leven. Dan zou de mensheid zich niet kunnen voortplanten, omdat de zaadvoorraad van de mannen er niet zou zijn. Welnu, deze insecten hebben alle weliswaar nog zaad, maar desondanks is voor hun leven dat wat door die giffen komt noodzakelijk, want die giffen zijn de restanten van wat in de omgeving van de oude maan was. Fijn verdeeld bijengif, wespengif en mierenzuur is ooit uit de kosmos over de planten gekomen. De restanten daarvan zijn er nog altijd. Als u dus ergens onderweg op een wilg of een bloem een bij ziet zitten, dan zegt u niet: dat insect wil alleen wat stelen van die bloem, maar u zegt: terwijl het bijtje daarop zit en zuigt, doet dat de bloem zó goed, dat zij wat sap laat vloeien naar de plek waar de bij zit te zuigen. Dat is erg interessant, heren! Als de bij daar zuigt, laat de bloem het sap daar naartoe stromen. En in dat sap vloeit, terwijl de bij iets weghaalt van de bloem, door die bij iets van het bijengif naar de bloem. En ook als de galwesp steekt, vloeit wespengif naar binnen; en vooral terwijl de mier op weg is, zelfs over boomstronken en dergelijke die helemaal niet meer leven, vloeit daar toch mierenzuur in. Dus als er een mier komt, verbindt het sap van de bloem zich ook met mierenzuur. Dat is noodzakelijk. Want als dat niet zou gebeuren, als deze bijen, wespen en mieren, die voortdurend naar de bloemenwereld komen en er iets van nemen, er niet waren, dan zouden niet het benodigde mierenzuur en de benodigde giffen naar deze bloemen stromen en de bloemen zouden na enige tijd uitsterven.

Ziet u, zulke stoffen die men gewoonlijk levensstoffen noemt, ja, deze levensstoffen worden door de mens gewaardeerd. Maar eigenlijk zijn alleen maar zulke stoffen als mierenzuur echte levensstoffen. Als een mens zich aan wolfskers waagt, dan krijgt hij gif binnen. Dat is een schadelijke stof. Maar wat doet wolfskers? Zij verzamelt nu juist de geest uit de kosmos. De giffen zijn verzamelaars van geest. Daarom zijn giffen ook geneesmiddelen. En nauwkeurig beschouwd worden de bloemen voortdurend steeds zieker en zieker en deze bijtjes en wespen en mieren zijn voortdurend kleine dokters die mierenzuur naar de bloemen brengen, dat zij nodig hebben, en dat de ziekte geneest, zodat alles weer kan genezen. U ziet: deze bijen, wespen en mieren zijn niet alleen maar dieven, maar brengen tegelijkertijd datgene wat de bloemen de mogelijkheid geeft om te leven.

En zo gaat het uiteindelijk ook met de rupsen. Die zouden ook uitsterven, die zouden er na enige tijd niet meer zijn. Nu ja, u zult misschien zeggen, dat kan helemaal geen kwaad; dan zouden die rupsen immers uitsterven. Maar met die rupsen voeden de vogels zich weer, enzovoort. In de hele natuur bestaat immers een dergelijke innerlijke samenhang. En als wij nu zien hoe bijvoorbeeld mieren met hun mierenzuur alles doordringen, dan nemen we een kijkje in de huishouding van de natuur. Dat is iets reusachtigs. Overal gebeuren dingen die absoluut noodzakelijk zijn voor het behoud van het leven en de wereld.

Ziet u, daar staat een boom. Die boom heeft een bast. Nu vermolmt de bast als ik de boom omkap. Dan ontstaat molm [afb. 10 op blz. 103, midden]. Dan zeggen de mensen: 'Laat maar rustig vermolmen.' En de mensen kijken rustig toe en laten in het bos alles wat overblijft vermolmen. Wat vermolmt er allemaal wel niet in een jaar aan loof en dergelijke in het bos! De mensen laten alles maar vermolmen. Maar in de wereld is dat toch anders ingericht. Overal in de buurt liggen mierenhopen. Uit deze mierenhopen komt het mierenzuur dat in de bosbodem gaat.

Als u hier een stuk bosgrond heeft en daar een mierenhoop, dan is dat net zoiets alsof u hier een vol glas water zou hebben en als u daar nu een druppel van het een of ander in doet, dan doordringt dat meteen al het water. Als u er zout in doet, wordt meteen al het water zout [afb. 10 op blz. 103, rechtsonder]. Als daar een mierenhoop ligt, dan gaat het mierenzuur op dezelfde manier overal in de bosbodem, in de molm naar binnen, en de hele bosbodem, die al aan het afsterven is, wordt met mierenzuur doordrenkt. Dus niet alleen maar in het inwendige van de huidige nog levende planten en van de huidige nog levende rupsen dringt het mierenzuur door. Dit geldt ook voor het bijen- of wespengif. Als de bij op een bloem zit, zuigt de bloem dat wat zij van de bij krijgt in zich op, maar ook in de afstervende bodem dringt het door.

Hierover kan men echter uitsluitend door de geesteswetenschap geïnformeerd worden. Want de andere wetenschap, de natuurwetenschap maakt zich alleen maar druk om dat wat de bij van de bloem wegneemt. Maar de bijen zouden niet duizenden jaren lang op de bloemen kunnen zitten, als zij niet zouden bijdragen aan de teelt doordat zij iets van deze bloemen afnemen.

En hetzelfde geldt zelfs voor het levenloze materiaal in het bos. Denkt u zich eens in, heren, dat zelfs de huidige natuurwetenschap aanneemt dat de aarde ooit helemaal dood zal gaan. Dat zou ook zo zijn als er ooit een situatie zou ontstaan, waarbij het vermolmde de overhand krijgt, waarbij de aarde afgestorven zou zijn. Maar dat zal niet gebeuren, omdat de aarde overal waar zij vermolmt tegelijkertijd doordrenkt wordt van wat bijen, wespen en mieren haar geven. Bijen geven het weliswaar alleen aan levende bloemen en wespen bijna uitsluitend aan levende bloemen. Maar mieren geven dat wat zij via het mierenzuur afstaan, tevens aan de vermolmde doden en die wekken zij, in zekere zin, weer tot leven, en zij dragen eraan bij dat de aarde ook levend blijft in haar delen die vermolmd zijn.

Dus we kunnen nu zeggen: we hebben bewondering voor de geest die in alles aanwezig is. Maar als we dieper op de zaak ingaan, dan zien we dat dit allemaal een grote betekenis heeft.

Laten wij nu eens naar die akkerbouwbedrijvende mieren kijken, die hun kleine veldjes aanleggen en die heel anders met planten omgaan. In ieder geval zou de mens wat daar wordt verbouwd niet als voedsel kunnen gebruiken. Want als de mens die kleine rijstkorreltjes die zo hard zijn als kiezelstenen zou eten, zou hij ten eerste merkwaardige ziekteverschijnselen vertonen, omdat hij dan te veel mierenzuur binnen zou krijgen, maar bovendien zou het zijn tanden heel erg uitbijten, zodat de tandartsen lange tijd heel veel werk zouden hebben. En vervolgens zou die mens jammerlijk te gronde gaan aan deze steenharde rijstkorrels, die op deze wijze verkregen worden.

Maar de mieren, eigenlijk de mierenhoop, zegt bij zichzelf het volgende: 'Als wij er alleen maar op uittrekken in de vrije natuur en uit de planten zuigen wat daarin te vinden is, dan krijgen wij veel te weinig mierenzuur binnen en dan kunnen wij ook veel te weinig mierenzuur afgeven aan de aarde. Dus zorgen wij ervoor dat wij alleen die planten uitkiezen die wij zó kunnen kweken dat zij dicht op elkaar staan, een samenhang hebben zo hard als steen, zodat wij uit deze dichte massa ook veel mierenzuur weten te halen.' Deze akkerbouwbedrijvende mieren doen dit dus om zo veel mogelijk mierenzuur te kunnen oogsten. En juist deze mieren zijn het dan weer die veel van dit mierenzuur in de aarde brengen. Zo hangt dat met elkaar samen.

U kunt hieruit dus begrijpen dat giffen die ontstekingen of iets dergelijks veroorzaken, eigenlijk tegelijkertijd het voortdurende geneesmiddel tegen afsterven zijn. En men kan zeggen dat juist de bij in dit verband enorm belangrijk is, omdat de bloemen daardoor alles bevatten en er dus ook een diepe verwantschap tussen bijen en bloemen bestaat.

En deze verzorging laat ons eigenlijk zien dat iedere keer als de insecten zich op deze manier met de aarde bezighouden, de aarde weer van gif wordt voorzien. Dat is de geestelijke samenhang. Als iemand vraagt naar de geestelijke samenhangen van iets zou ik nooit alleen maar zeggen: 'Dat is zo en zo,' maar ik laat hem dan de feiten zien en aan de hand van de feiten kunt u zelf beoordelen of dat een betekenis heeft of niet. Want de feiten volgen elkaar zo op, dat men ziet dat alles betekenis heeft. Alleen die lui die zich tegenwoordig geleerden noemen, vertellen u dat niet. Maar in het leven speelt dit een bepaalde rol. In onze streken heeft men er wellicht niet zoveel respect voor, maar zodra men meer naar het zuiden gaat kan men horen hoe de boeren, eenvoudige lieden, nog vanuit een instinctief weten, zeggen: 'Deze mierenhopen, die mag men niet verstoren, want die mierenhopen dragen eraan bij dat de molm niet zo schadelijk wordt.' En de héél verstandige mensen in die streken zeggen nog iets anders. Als men met hen in het bos gaat wandelen, met name in een bos waar hout gekapt is, waar de bomen net zijn verwijderd en de jonge bomen beginnen op te komen, dan lopen deze lieden – die zijn namelijk intelligent, niet met de neus omhoog, maar in hun neus; men kan namelijk in de neus ook intelligent zijn – door zo'n kaalslag, waar de jonge bomen weer moeten opgroeien. En als zij bij zo'n plek komen zeggen ze: 'Nu, dat zal hier heel goed groeien, hier ruikt het niet zo naar molm als gebruikelijk, er moet een mierenhoop in de buurt zijn die zijn nut bewijst.' Dat ruiken die lui namelijk, zij zijn pienter met hun neus. Uit het 'pienter-zijn-met-de-neus' komt veel volkswijsheid, en die is heel nuttig.

Helaas heeft de moderne beschaving alleen maar hersencultuur bedreven en deze instincten weggelaten. Daardoor is het instinct ook een leeg begrip geworden. De dieren, vooral in hun samenscholingen als bijenorganisme, als mierenhoop, weten dat nauwkeurig beschouwd allemaal. Dat is door een soort reuk bewerkstelligd. En zoals gezegd, in veel instinctieve kennis speelt de intelligentie van de neus een rol.

Welnu, wij zullen de volgende week met de bijeenkomst verder gaan. Voor vandaag wil ik nog zeggen: bijen, wespen en mieren nemen niet alleen als dieven iets weg uit de natuur, maar zij geven haar ook de mogelijkheid verder te leven en te gedijen.

Achtste voordracht

Dornach, 22 december 1923

Oxaalzuur, mierenzuur, koolzuur en hun betekenis in de natuur

Goedemorgen, heren! Eigenlijk moeten wij even over de vraag van de heer Dollinger spreken. Hij vroeg namelijk namens u – want dit is immers voor iedereen interessant – hoe geestelijk gezien de samenhang is tussen die menigte bewegende insecten die op de planten afkomt en dat wat zich in de planten bevindt.

Ziet u, heren, ik heb u al eerder verteld dat overal om ons heen niet alleen zoiets als zuurstof en stikstof voorkomt, maar dat in de gehele natuur verstand voorkomt, echt verstand. Geen mens is verbaasd als men zegt: wij ademen lucht in, omdat lucht overal is en de wetenschap om zo te zeggen tegenwoordig al zo ver in de schoolboeken is doorgedrongen, dat aan de mensen wordt verteld: overal is lucht en jij ademt die lucht in. Maar ik heb bijvoorbeeld nog mensen gekend op het platteland die dat als een fantasie beschouwden, omdat zij helemaal niet wisten dat er buiten lucht is, net als de mensen tegenwoordig niet weten dat overal verstand is. Zij vinden dat een verbeelding als men zegt: net zoals wij met onze longen lucht inademen, zo ademen wij bijvoorbeeld met de neus of met het oor verstand in. En ik heb u eerder al rijkelijk voorbeelden getoond waaraan u kunt zien dat overal verstand is. Wij hebben bovendien laatst een buitengewoon interessant hoofdstuk uit de natuurwetenschap besproken, dat van de bijen, wespen en mieren. Slechts door weinig wat in de natuur te vinden is, kan men zulke diepe inzichten in de natuur zelf krijgen als door het doen en laten van insecten. Insecten zijn nu eenmaal heel merkwaardige dieren en zij zullen nog veel geheimen openbaren.

Het is wel merkwaardig dat wij om zo te zeggen ons onderwerp 'insecten' precies bespreken in de tijd waarin de honderdste geboortedag van de belangrijke insectenonderzoeker Jean-Henri Fabre[38] valt, die honderd jaar geleden op 22 december werd geboren, die dus precies in het materialistische tijdperk op aarde kwam en daardoor alles materialistisch verklaarde. Hij heeft wel enorm veel feiten uit het leven van de insecten aan het licht gebracht, en het spreekt dus vanzelf dat wij hem vandaag, nu wij over insecten spreken, herdenken.

Nu zal ik u eerst een voorbeeld geven van een insectensoort die u juist in verband met de bijen buitengewoon kan interesseren. De bij werkt immers op bijna volmaakte wijze en het merkwaardigste aan de bij is eigenlijk niet dat zij uiteindelijk honing produceert, maar dat zij deze wonderbaarlijk gebouwde raat met cellen volledig uit zichzelf maakt. Zij moet datgene wat zij als materiaal gebruikt met haar eigen lichaam de bijenkorf binnenbrengen. En zij werkt eigenlijk zo, dat zij het materiaal helemaal niet meer in zijn oorspronkelijke staat gebruikt, maar dat zij het helemaal omgezet de bijenkorf binnenbrengt. Deze werkwijze komt uit haar zelf voort.

Nu is er ook een bijensoort die niet op deze manier werkt, maar die juist door haar manier van werken laat zien wat een enorme wijsheid er in de natuur is. Laten wij deze bijen, die men gewoonlijk houtbijen noemt[39] – waar niet zo veel aandacht voor is als voor de huisbijen, omdat zij meestal de mens tot last zijn – eens bij hun werk observeren. Het is een enorm vlijtig dier en een dier dat werkelijk, om te kunnen leven – dat wil zeggen niet het afzonderlijke dier, maar de gehele soort – een ongelofelijk werk moet volbrengen. Dit dier zoekt naar hout dat niet meer aan een boom zit, maar dat al van de boom genomen en bewerkt is. U kunt deze houtbijen met hun nesten, die ik u zo meteen zal beschrijven, bijvoorbeeld vinden als u ergens paaltjes gezet heeft, dus van hout dat al van de bomen genomen is en schijnbaar niet leeft, paaltjes of balkjes van hout. Daarin kunt u de houtbij aantreffen, ook in tuinbanken of in tuindeuren. Dus daar waar men hout gebruikt heeft, maakt de houtbij haar nest in, maar dan wel op een heel wonderlijke manier.

Stelt u zich eens voor dat hier zo'n paal staat [afb. 11 op blz. 104, links]. Dat is dus hout dat al uit een boom is gehaald. Nu komt de houtbij en boort allereerst van buitenaf schuin naar binnen een gang. En als zij dan binnenin is aangekomen, die gang heeft vrijgemaakt, dus een soort kanaal geboord heeft, dan begint zij in een heel andere richting te boren. Dan boort zij zo dat er een kleine ringvormige holte ontstaat. Daarna vliegt het insect weg, haalt van alles uit de omgeving en bekleedt de holte daarmee. En dan, als de bekleding klaar is, legt ze het ei erin, waar de larve uit ontstaat. Dat ei ligt er nu dus in. Nadat ze het ei heeft gelegd, komt het bijtje en maakt er een deksel overheen met in het midden een gat. En nu begint het dier boven dit deksel opnieuw te boren, bouwt daar een tweede woning voor een tweede houtbij die zal uitkomen, en legt na weer een bekleding te hebben aangebracht en een gat te hebben gemaakt, weer een ei daarin. Zo gaat de houtbij verder tot zij zo'n tien tot twaalf boven elkaar gelegen holtes heeft gebouwd. In elke holte ligt een eitje.

Nu kan de larve zich binnenin deze houten woning ontwikkelen. In elke holte heeft het insect nog voedsel naast de larve gelegd. Deze eet eerst van het voor haar klaargezette voedsel en is dan volgroeid om eruit te kruipen. En dan komt de tijd waarin het insect zich verpopt heeft en zich in een gevleugelde bij heeft gemetamorfoseerd, die nu moet uitvliegen.

Daarbinnen heeft de larve zich dus ontwikkeld en kan na enige tijd uitvliegen. Als de tijd daar is dat de larve volgroeid is, zich verpopt heeft en insect wordt, is het mogelijk dat het uitgekomen insect door de gang kan uitvliegen. Door de vaardigheid van de houtbij is bereikt dat het volwassen geworden insect via deze gang die als eerste in het hout geboord is, kan uitvliegen. Mooi toch. Maar als nu het tweede insect eraan komt, dat een beetje jonger is, en het derde erboven, dat nog wat jonger is – omdat het moederdier deze woningen eerst moest maken – dan vinden die dieren geen uitgang aan de zijkant om uit te vliegen. En het fatale gevolg hiervan zou zijn dat de bovenste dieren daarbinnen langzaam te gronde zouden moeten gaan. Maar dat voorkomt het moederdier door het eitje zo te leggen dat de jongere larve als zij uitkruipt, daar het gat vindt waarover ik u verteld heb; zij laat zich daardoor naar beneden vallen en dan kruipt zij naar buiten. Het derde dier laat zich door twee gaten naar beneden vallen en komt zo ook buiten. En omdat elk volgend dier iets later uitkomt dan het vorige, heeft het geen last van het dier dat eerder onder hem uitkomt. Zij komen nooit tegelijk uit, het vorige dier is altijd al uitgevlogen.

U ziet dat het gehele nest zo verstandig is gebouwd, dat men zich er alleen maar over kan verbazen. Als mensen tegenwoordig iets met een machine namaken, dan zijn de meeste dingen die de mensen namaken nabootsingen. Vaak zijn deze producten veel minder vaardig gemaakt. De dingen die in de natuur te vinden zijn, zijn bijzonder knap gemaakt en men moet wel zeggen: daarbinnen zit absoluut wijsheid, echte wijsheid. En daarvan, van de manier waarop insecten bouwen, zoals zij hun werk aanpakken, dat daar wijsheid in zit, zou men honderden en duizenden voorbeelden kunnen geven. Denkt u alleen maar eens aan hoeveel wijsheid er spreekt uit wat ik u laatst vertelde over die mieren die aan akkerbouw doen, die hun hele bedrijf zelf aanleggen en dat alles met een ongelofelijke wijsheid.

Nu hebben wij echter nog iets anders onderzocht toen wij deze insecten, bijen, wespen en mieren bekeken. Ik heb u verteld dat al deze dieren iets in zich hebben wat een soort giftige stof is en deze giftige stof, die al deze dieren in zich hebben, is tegelijkertijd, als men het goed doseert, een uitstekend geneesmiddel. Bijengif is een uitstekend geneesmiddel. Wespengif is een uitstekend geneesmiddel. En mierenzuur dat de mieren uitscheiden is pas echt een goed geneesmiddel. Maar ik heb u er al even op gewezen: dit mierenzuur, dat krijgen wij door naar een mierenhoop te gaan, de mieren eruit te halen en die dan uit te persen. Mieren hebben dus mierenzuur in zich; door het uitpersen van mieren krijgen wij het mierenzuur eruit. Dit mierenzuur vindt men dus eigenlijk vooral bij mieren. Maar als u eens wist hoeveel mierenzuur – natuurlijk naar verhouding – in deze zaal aanwezig is, dan zou u echt verbaasd zijn! U zult zeggen: ‘Maar wij kunnen toch geen mierenhoop in een van de hoeken van de zaal ontdekken.’ Heren, ieder van u zoals u hier zit, is in werkelijkheid zelf zo’n mierenhoop! Want overal in uw ledematen, uw spieren, in de andere weefsels, in het hart, in de longen, in de lever, in de milt vooral – overal zit mierenzuur, weliswaar niet zo geconcentreerd en zo sterk als in een mierenhoop. Maar toch, zoals u hier zit, bent u helemaal doordrongen met mierenzuur, er helemaal mee doortrokken. Ja, ziet u, dat is toch wel heel merkwaardig.

Want waartoe hebben wij eigenlijk dit mierenzuur in ons lichaam? Als een mens er te weinig van heeft, dan moet hij dat merken. Als iemand de indruk maakt ziek te zijn – en de mensen zijn meestal wel een beetje ziek – dan kan die persoon wel een honderdtal ziektes hebben die er aan de buitenkant allemaal hetzelfde uitzien. Men moet dan onderscheiden wat hem eigenlijk mankeert. Dat hij bleek is of dat hij niet kan eten, dat zijn alleen maar uiterlijke dingen. Men moet erachter komen wat hem echt scheelt. En zo kan het bij velen zijn dat zij eenvoudig in zichzelf niet genoeg een mierenhoop zijn, niet genoeg mierenzuur produceren. Net zoals in een mierenhoop mierenzuur wordt geproduceerd, zo moet eenvoudig in het menselijk lichaam in al zijn geledingen, vooral in de milt, op een krachtige manier mierenzuur geproduceerd worden. En als iemand te weinig mierenzuur produceert, moet men hem een preparaat laten innemen, een geneesmiddel, waarmee men hem van buitenaf helpt om genoeg mierenzuur te produceren.

Nu moet men wel waarnemen wat er met iemand gebeurt die net te weinig mierenzuur heeft. Deze waarnemingen kunnen alleen maar dan plaatsvinden, als de mensen die willen waarnemen ook echte mensenkenners zijn. Men moet zich dan een voorstelling vormen van wat in de ziel van een mens omgaat, die eerst genoeg mierenzuur in zich had en later te weinig mierenzuur. Dat is heel merkwaardig. Zo iemand zal u, als u hem de juiste vragen over zijn ziekte stelt, eerlijk antwoorden. Stel bijvoorbeeld eens dat iemand – nadat u hem op het spoor heeft gezet – tegen u zegt: 'Wel, donders, tot een paar maanden geleden had ik altijd goede invallen en kon ik alles goed denkend uitwerken. Maar dat gebeurt nu niet. Het gaat niet meer. Als ik over iets wil nadenken, lukt het niet meer.' Heren, zoiets is vaak een veel duidelijker aanwijzing dan alle uitwendige onderzoeken u kunnen geven, hoewel men die natuurlijk tegenwoordig vanzelfsprekend ook moet doen. Maar u kunt tegenwoordig urine onderzoeken op eiwit, op etter, op suiker enzovoort. U krijgt daar natuurlijk heel interessante gegevens uit, maar in bepaalde omstandigheden kan het veel belangrijker zijn dat iemand zoiets zegt als wat ik u verteld heb. Want als hij u zoiets vertelt, moet u natuurlijk nog wel het een en ander te weten zien te komen. Maar hieruit kunt u al de conclusie trekken dat de laatste tijd de hoeveelheid mierenzuur in zijn lichaam is afgenomen.

Nu kan iemand die nog oppervlakkig denkt zeggen: 'Die persoon heeft te weinig mierenzuur, ik wrijf mieren fijn of maak het op een andere manier en dien hem mierenzuur in een juiste dosering toe.' Dat kunt u een hele tijd doen en vervolgens komt de patiënt naar u toe en zegt: 'Maar het heeft me helemaal niets geholpen.' Wat is daar dan aan de hand? Het heeft hem echt niet geholpen. Het klopte helemaal, hij had te weinig mierenzuur, u heeft hem mierenzuur gegeven en het hielp niets, hij had er niets aan. Wat is daar aan de hand?

Ja, ziet u, als u verder onderzoek doet, ontdekt u dat bij de een mierenzuur niet heeft geholpen, bij anderen helpt het telkens weer. Welnu, steeds meer leert u te onderscheiden. De mensen waarbij mierenzuur helpt, zullen met name slijmvorming in de longen hebben. De mensen waarbij mierenzuur helemaal niet helpt, hebben slijmvorming in lever, nieren of milt. Dat is een heel eigenaardige zaak. Het maakt blijkbaar veel verschil of bijvoorbeeld in de longen mierenzuur ontbreekt, of dat in de lever mierenzuur ontbreekt. Het verschil is dat met mierenzuur zoals dat in de mierenhoop aanwezig is, de longen meteen iets kunnen doen. De lever kan met mierenzuur helemaal niets beginnen.

En nu komt er iets anders, heren! Nu moet u, als u merkt dat een mens moeilijkheden heeft met zijn lever of dat vooral de darmen niet helemaal in orde zijn en mierenzuur hem niet helpt, hoewel hij een gebrek aan mierenzuur heeft, aan deze persoon oxaalzuur[40] geven. Dat wil zeggen dat u de gewone klaverzuring of gewoon de klaver die op de akker groeit moet uitpersen, het zuur eruithalen en hem dat toedienen. Dus ziet u: als iemand iets aan de longen heeft, moet u hem mierenzuur geven, en bij iemand die iets aan de lever of de darmen heeft, moet u oxaalzuur toedienen. Het wonderlijke is echter dat nu degene aan wie u oxaalzuur heeft gegeven, zelf uit het oxaalzuur, enige tijd nadat u het oxaalzuur heeft toegediend, mierenzuur maakt! Dus het komt erop neer dat men niet alleen maar van buitenaf de dingen in de mens stopt, maar dat men ook nog moet weten wat het organisme zelf uit zichzelf maakt. Als u hem mierenzuur toedient, zegt het organisme: ‘Dat is toch niet voor mij. Ik wil werken.’ Men gaf hem kant-en-klaar mierenzuur. Daar hoef ik niets meer aan te doen, dat hoeven de longen niet op te brengen. Natuurlijk moet u dat via de maag toedienen. Dan komt het ten slotte wel in de darmen.

Dan zegt op zijn beurt het menselijk lichaam, dat aan het werk wil: 'Wat zetten zij mij nu voor? Moet ik niet eerst zelf mierenzuur maken, maar moet ik dat mierenzuur dat mij wordt aangeboden vanuit de maag naar de longen brengen? Dat doe ik niet!' Het lichaam wil oxaalzuur hebben en daaruit maakt het dan mierenzuur.

Ja, mijne heren, het leven bestaat uit arbeid, niet uit stoffen, en het allerbelangrijkste is dat men weet dat het leven helemaal niet uit het verteren van kool en wortelen bestaat, maar uit het werk dat het lichaam moet verrichten als kool en wortelen er als materie in komen. In elk geval mag het niet opnieuw kool maken uit die kool. Helaas is dat echter merkwaardig genoeg wel de basis van onze huidige beschaving.

U kunt hieruit afleiden wat een merkwaardige samenhang er in de natuur bestaat. Daarbuiten staan de planten. Klaver is nu vooral gekarakteriseerd. Oxaalzuur komt echter in alle planten voor, alleen bij klaver het meeste; wij spreken van oxaalzuur. Maar net zoals mierenzuur overal in de natuur en overal in het menselijk lichaam voorkomt, zo is ook oxaalzuur overal in de natuur en in het menselijk lichaam aanwezig.

Maar er is nog iets anders interessant. Stelt u zich voor dat u een retort pakt zoals men die in een chemisch laboratorium heeft. U steekt daaronder vuur aan en doet wat oxaalzuur in de kolf – dat ziet eruit als zoutachtige, kruimelige as – en dan net zoveel glycerine. Dat roert u door elkaar en verhit het. Dan kookt de zaak aan deze kant over [afb. 11 op blz. 104, rechts]. Wat daar ontstaat, kan ik opvangen. Maar tegelijkertijd merk ik dat er lucht ontsnapt. Die verdwijnt naar alle kanten. Als ik nu de lucht die ontsnapt onderzoek, dan vind ik: deze lucht is koolzuur. Dus er ontsnapt naar alle kanten koolzuur. En hier, waar ik het opvang, krijg ik dan mierenzuur. Hier zit nu mierenzuur in. Daar in de retort heb ik oxaalzuur met glycerine gedaan. De glycerine blijft liggen; het andere gaat naar deze kant, het vloeibare mierenzuur druppelt naar beneden en hier ontsnapt koolzuur.

Welnu, als u deze gebeurtenis nog eens heel goed bekijkt, dan kunt u zeggen: laten we eens aannemen dat hier in plaats van deze retort de lever van een mens of, laten we zeggen, een of ander menselijk of dierlijk weefsel zou zijn [afb. 11, midden boven], een orgaan uit het onderlichaam van een dier, de lever, de milt of iets dergelijks. Via de maag dien ik oxaalzuur toe. Het lichaam beschikt zelf over de kracht van glycerine. Ik heb nu in mijn darmstelsel oxaalzuur en glycerine bij elkaar. En wat gebeurt er? Wel, als u nu naar de mond van de mens kijkt, dan komt daar koolzuur uit en vanuit de longen druppelt naar alle kanten in het lichaam van de mens mierenzuur voor de organen naar binnen. Dus alles wat ik hier voor u heb getekend, hebben wij in ons eigen lichaam. Wij maken voortdurend in ons lichaam mierenzuur uit oxaalzuur.

Denkt u nu eens aan de planten die over de hele aarde verspreid zijn. Die bevatten allemaal oxaalzuur. En denkt u dan aan de insecten. Bij hen komt dat wel op de meest merkwaardige manier tevoorschijn. Maar denkt u in de eerste plaats aan de mieren. Die gaan op die planten af, maar ze gaan ook af op wat van de planten vergaat. Daarin zit dus overal dit oxaalzuur, en deze dieren maken, net zoals de mens dat voor zichzelf doet, daaruit mierenzuur. En het mierenzuur is overal aanwezig. Door de insecten is overal mierenzuur aanwezig.

Ja, en dan kijkt de mens met bekrompen opvattingen naar de lucht en zegt dan: 'In de lucht zit stikstof, zuurstof.' Maar, mijne heren, omdat de insecten door de lucht vliegen, is daarin in zeer geringe hoeveelheden altijd mierenzuur aanwezig. Dat wil zeggen, aan de ene kant hebben wij de mens. Die is een kleine wereld. Die maakt in zichzelf mierenzuur en doordringt vooral zijn adem voortdurend met mierenzuur. En in de grote wereld daarbuiten, daar werkt – in plaats van datgene wat in de mens plaatsvindt – het leger van insecten. De grote adem van de lucht die de aarde omringt wordt voortdurend doordrongen van mierenzuur, dat uit het oxaalzuur van de planten gemaakt wordt. Dat is nu eenmaal zo. [afb. 12 op blz. 104, rechts]

Als men op de juiste manier waarneemt en het onderlichaam van de mens bekijkt met de daarin liggende ingewanden, maag, lever, nieren, milt en verder heb je nog de darmen, dan blijkt dat daar onophoudelijk oxaalzuur in mierenzuur wordt omgezet, en dit mierenzuur gaat met de lucht die de mens inademt naar alle delen van zijn lichaam. Zo gaat dat bij de mens.

Buiten staan over de gehele aarde planten. Dan vindt u allerlei verschillende insecten die boven de planten vliegen. Daaronder heeft u het oxaalzuur. De insecten komen aanvliegen en door de ontmoeting ontstaat mierenzuur en dat vermengt zich met de lucht. Zodat wij ook altijd met de lucht mierenzuur inademen. Wat nu de wespen hebben, is een gif dat lijkt op mierenzuur, alleen een beetje veranderd. En wat de bijen als bijengif in hun angel hebben – maar eigenlijk in hun hele lichaam – is ook omgezet mierenzuur, mierenzuur omgezet naar een hoger niveau. Als men dit zo bekijkt, moet men erkennen dat als wij deze insecten beschouwen – mieren, wespen, bijen – dan doen die in de buitenwereld iets heel verstandigs. Waarom zijn zij zo verstandig bezig? Als de mier geen mierenzuur zou hebben, zou zij alles, wat ik u als zoiets prachtigs heb beschreven, op een domme manier doen. Alleen dankzij het feit dat de mieren in staat zijn om mierenzuur te produceren, ziet alles wat zij bouwen er zo knap en verstandig uit. Hetzelfde geldt voor de wespen en de bijen.

Hebben wij – omdat wij zelf in ons dit mierenzuur maken – niet alle reden om te zeggen: buiten in de natuur is overal verstand, dat komt door het mierenzuur. In ons is ook overal verstand, omdat wij mierenzuur hebben. En dat mierenzuur zou er niet zijn als er niet eerst oxaalzuur zou zijn. Welnu, die diertjes fladderen om de planten heen en zijn de aanleiding dat het oxaalzuur, dat zich in de planten bevindt, in mierenzuur wordt omgezet, een metamorfose doormaakt.

Deze dingen begrijpt men pas als men zich afvraagt: ja, hoe zit dat dan met oxaalzuur? Ziet u, oxaalzuur bevindt zich overal waar leven moet zijn. Waar iets leeft, is oxaalzuur. Maar daar is ook een etherlichaam. Het etherlichaam zorgt er zelfs voor dat oxaalzuur direct wordt vernieuwd. Oxaalzuur wordt echter nooit mierenzuur dat voor het menselijke of dierlijke organisme bruikbaar is, als niet door een astraal lichaam oxaalzuur in mierenzuur wordt omgezet. Want het mierenzuur dat ik uit de retort heb genomen, dat helpt het mensen- of dierenlichaam niet. Men vergist zich als men gelooft dat dát echt iets helpt, dat is dood. Het mierenzuur dat hier in de mensen en hier door de insecten wordt gevormd, is levend en komt overal voor waar het gevoel, waar de ziel werkzaam is. De mens moet mierenzuur in zichzelf ontwikkelen om uit het naakte bestaan dat in zijn onderlichaam huist, waar oxaalzuur een belangrijke rol speelt, het ziele-element tevoorschijn te halen. Dan leeft het ziele-element in het mierenzuur dat in de adem aanwezig is, en dat gaat omhoog naar het hoofd en kan in het hoofd verder werken. Het ziele-element heeft dit omzetten van het oxaalzuur in mierenzuur in de mens nodig.

Wat gebeurt er nu eigenlijk als oxaalzuur in mierenzuur wordt omgezet? Ziet u, dat kunt u afleiden uit wat ik u aan het begin heb verteld. De houtbij, die ik besproken heb, is heel erg interessant, want zij werkt binnenin hout dat niet meer levend is. En als de houtbij dit hout niet goed kon gebruiken, zou zij haar verblijf wel elders zoeken. Deze bij maakt haar nest juist niet in de boom, maar in vermolmd hout. Als palen en balken beginnen te vermolmen, legt zij haar eieren daarin nadat zij haar nest gebouwd heeft.

Als men nu de samenhang tussen het vermolmde en de houtbijen bestudeert, dan komt men tot de ontdekking dat wat zich in het vermolmde hout afspeelt, zich voortdurend in een menselijk lichaam afspeelt. Dat begint te vermolmen, en als dat te ver gaat, sterft het. En wat daar buiten gebeurt, dat moet de mens ook voortdurend doen: hij moet de cellen opbouwen. En dat kan hij alleen maar doordat hij het plantaardige, dat doordrenkt is met oxaalzuur, in mierenzuur omzet, omzet in iets dat met mierenzuur doordrenkt is.

Nu kunt u zeggen: maar wat heeft dat alles nu te betekenen voor de natuur? Nu, heren, laten wij eens denken aan zo'n paal of balk van hout, die aan het vermolmen is. Als er nooit een houtbij op zo'n paal afkomt, dan vindt de mens dat heel best, want de bijen vermeerderen zich nogal snel, en de paal valt dan het volgend jaar om, omdat hij uitgehold is. Voor de mens is dat niet zo prettig, maar des te prettiger is dat voor de natuur. Want als al het hout dat de planten voortbrengen zonder deze bijennesten zou voortbestaan, dan zou dat hout langzaamaan – kijk maar naar de molm – verbrokkelen, tot stof vergaan en helemaal onbruikbaar worden. Maar het hout waarin een houtbij haar werk heeft gedaan, dat sterft niet af, dat wordt weer van leven voorzien. En uit al het hout dat door die bijen weer een beetje tot leven wordt gewekt – ook door het werk van andere insecten – ontstaat veel van datgene wat ervoor zorgt dat onze aarde niet helemaal zal vermolmen, in het wereldruim tot stof zal vergaan, maar dat zij kan blijven leven omdat zij door de insecten levend wordt. Wij mensen ademen mierenzuur in. In de natuur werkt mierenzuur, dat door deze insecten uit het oxaalzuur van de planten wordt gemaakt, en wel zo, dat de aarde tenminste verder kan leven.

Kijkt u nu eens naar de samenhang. Hier is de mens, daar de aarde [afb. 12 op blz. 104, links]. Laten wij eerst naar de mens kijken. Laten we aannemen dat het een klein kind is. Dat zet, als het nog jong is, heel gemakkelijk oxaalzuur, dat zich in zijn onderlichaam bevindt, in mierenzuur om. De organen ontvangen genoeg mierenzuur. Nu ontwikkelt zich de menselijke ziel in het kind. Wij beschikken dus over mierenzuur als basis voor ziel en geest. En als de mens oud wordt en niet meer voldoende mierenzuur kan ontwikkelen, gaan de ziel en de geest weg. Dus mierenzuur trekt ziel en geest aan, anders gaat de geest weg. Dat is heel interessant.

Als u bijvoorbeeld iemand die in zijn lichaam veel etterachtige processen heeft goed waarneemt, dan kunt u ontdekken dat mierenzuur hem helpt om deze etterprocessen te overwinnen. Dan herstelt zich de juiste verhouding tussen astraal lichaam en fysiek lichaam, die door de etterprocessen verstoord was. Dus mierenzuur wordt altijd precies op de juiste wijze gebruikt, als basis voor ziel en geest. Als het lichaam te weinig mierenzuur bevat, vergaat het en kan het de ziel niet langer vasthouden; het lichaam wordt oud, de ziel moet het verlaten.

Nu hebben wij enerzijds de mens, anderzijds de natuur. In de natuur wordt ook onophoudelijk mierenzuur uit oxaalzuur gevormd, zodat de aarde voortdurend de mogelijkheid heeft niet alleen door zuurstof en stikstof, maar ook door mierenzuur omgeven te zijn.

Dit mierenzuur zorgt er nu voor dat de aarde – ik zou zeggen – niet ieder jaar afsterft, maar dat zij zich ieder jaar aan de oppervlakte van leven kan voorzien. Dat wat onder de aarde is, zaad, verlangt naar mierenzuur dat erboven is. En daaruit bestaat het opnieuw tot leven komen. Iedere winter is het zo dat de geest van de aarde zelf eigenlijk de neiging heeft weg te gaan. En in de lente is het zo dat de geest van de aarde weer tot leven komt. De geest van de aarde laat de aarde in de winter verstarren, in de lente brengt hij haar weer tot leven. Dat komt doordat datgene wat als zaad onder de aarde ligt te wachten, op het mierenzuur afkomt dat in het afgelopen jaar door de omgang van de insectenwereld met de plantenwereld is verwekt. En nu komen de zaden niet alleen omhoog in zuurstof, stikstof en koolzuur, maar nu komen de planten omhoog in mierenzuur. En dit mierenzuur spoort ze aan om zelf weer oxaalzuur te vormen, waardoor er in het volgend jaar weer mierenzuur zal zijn. Maar zoals mierenzuur in de mens de basis kan zijn voor ziel en geest, zo is mierenzuur dat in het heelal verspreid is de basis voor het geestelijke en het ziele-element van de aarde. Zo kunnen wij dus zeggen: ook voor de aarde is mierenzuur de basis voor de aardeziel en de aardegeest [afb. 12 op blz. 104].

Het is een feit dat telegraferen in een streek waar geen enkele mierenhoop te vinden is veel moeilijker is dan in een streek waar wel mierenhopen zijn, omdat elektriciteit en magnetisme, die het telegraferen mogelijk maken, afhankelijk zijn van mierenzuur. Als telegraafdraden door steden lopen waar geen mieren zijn, dan moet al buiten de steden, waar de draden door de velden gaan, de kracht erin zijn gelegd, dus de magnetische en elektrische stromen, zodat ze tenminste door steden kunnen gaan. Maar natuurlijk verspreidt het mierenzuur zich en doordringt ook de lucht van steden.

Welnu, heren, u ziet wel dat wij kunnen zeggen dat wat binnen in de mens aanwezig is – ook met betrekking tot het produceren van mierenzuur – ook buiten in de natuur is. De mens is een wereld in het klein. Maar alleen de mens is in staat om tijdens zijn leven, tot aan zijn dood, uit oxaalzuur mierenzuur te maken. Later is hij er niet meer toe in staat en dan sterft zijn lichaam. Hij moet dan eerst weer een nieuw lichaam ontvangen, dat als kind op de juiste manier mierenzuur uit oxaalzuur maakt. In de natuur gaat dit altijd maar door: winter, zomer, winter, zomer. Er wordt altijd oxaalzuur in mierenzuur omgezet.

Als men een mens die sterft bekijkt, heeft men eigenlijk het gevoel dat hij eerst, terwijl hij sterft, probeert of zijn lichaam nog voldoende in staat is om mierenzuur te ontwikkelen. En dan, als hij dat niet meer kan, treedt de dood in. Dan gaat de mens naar de geestelijke wereld over en houdt hij het zelfs in zijn lichaam niet meer uit. Dus kunnen wij zeggen dat een mens op een bepaald ogenblik sterft. Dan gaat er een lange tijd overheen en dan keert hij weer in een ander lichaam terug. In de tussentijd bevindt hij zich in de geestelijke wereld.

Als nu in de bijenkorf een jonge koningin uitloopt, dan komt er – zoals ik u heb verteld – iets in de bijen wat deze bijen verstoort. Daarvoor leefden de bijen in een soort schemering. Nu zien zij deze jonge koningin oplichten. Wat is er dan verbonden met dit oplichten van die jonge koningin? Het oplichten van de jonge koningin hangt samen met het ontnemen van de kracht van het bijengif van de oude koningin door de jonge koningin. En dat, mijne heren, is angst in de wegtrekkende zwerm, dat zij geen bijengif meer heeft, zich niet meer kan verweren, kan redden; zij trekt weg. Net zoals de menselijke ziel wegtrekt bij de dood als zij geen mierenzuur meer kan krijgen, zo trekt het oude bijenbroed weg als er niet genoeg omgezet mierenzuur – bijengif – aanwezig is. En als men nu naar de bijenzwerm kijkt dan is die weliswaar zichtbaar, maar hij ziet er net zo uit als de mensenziel die het lichaam verlaten moet. Het is een grandioos gezicht, zo'n wegzwermende bijenzwerm. Zoals de mensenziel het lichaam verlaat, zo verlaat de oude koningin, als de jonge koningin volgroeid is, met haar aanhang de bijenkorf. En men kan werkelijk de uitvliegende zwerm beschouwen als een beeld van de wegtrekkende ziel van de mens.

Ach, mijne heren, dit is werkelijk groots! Alleen heeft de mensenziel het nooit zover gebracht dat zij haar krachten tot kleine 'beestjes' kan omzetten. In ons bestaat wel voortdurend die tendens, wij willen louter kleine 'beestjes' worden. Eigenlijk hebben wij in ons de neiging om ons van binnen voortdurend in kruipende bacillen en bacteriën om te vormen, in van die kleine bijtjes, maar wij onderdrukken dat weer. Daardoor zijn wij een volledig mens. Maar een bijenorganisme is geen volledig mens. De bijen kunnen niet de toegang tot de geestelijke wereld vinden. Wij moeten ze in een andere bijenkorf tot een nieuwe belichaming brengen. Dat is meteen een beeld van de mens die zich weer belichaamt. En degene die zoiets kan waarnemen, heeft een ontzaglijk respect voor deze zwermende oude bijen met hun koningin, die zich eigenlijk zo gedraagt als zij zich gedraagt, omdat zij toegang tot de geestelijke wereld wil. Maar zij is zo fysiek-stoffelijk geworden dat zij dat niet kan. En dan klitten de bijen aan elkaar, worden één uniek lichaam. Zij willen samen zijn. Zij willen uit de wereld weg. Want, zoals u weet, als zij zo vliegen, gaan ze op een boomstam of iets anders zitten, vlijen zich tegen elkaar aan, om te verdwijnen, omdat zij de geestelijke wereld binnen willen gaan. En zij worden pas weer een echt bijenvolk als wij hen helpen door hen terug te plaatsen in een nieuwe bijenkorf.

Dus we kunnen nu zeggen: de insecten leren ons rechtstreeks het allerhoogste van de natuur kennen. Daarom heeft het op de juiste manier bekijken van planten altijd veel verhelderd voor de mensen die in vroeger tijden nog een instinct hadden voor datgene wat ik voor u uiteengezet heb, en wat voor de huidige wetenschap geheel verloren is gegaan. Deze mensen hebben op een bijzondere manier naar de planten gekeken. Nu, in onze tijd, worden de mensen aan veel dingen herinnerd in deze vernieuwende tijd, als zij een dennenboom in huis halen en er een kerstboom[41] van maken. Dan worden de mensen eraan herinnerd hoe datgene wat buiten in de natuur is in het leven van de mensen binnenshuis tot iets kan worden dat in het sociale leven werkzaam is. Het moet immers een symbool van liefde zijn, deze in een kerstboom veranderde dennenboom.

Men denkt meestal dat de kerstboom al heel oud is. Maar de dennenboom wordt pas ongeveer honderdvijftig à tweehonderd jaar als kerstboom gebruikt. Vroeger bestond deze gewoonte niet. Wel werd er met Kerstmis al een soort struik gebruikt. Bijvoorbeeld bij de kerstspelen, die in de dorpen al in de vijftiende, zestiende eeuw werden opgevoerd, liep altijd iemand die de spelen aankondigde rond en die deed dat met een soort kerstboom in de hand. Maar dat was de zogenaamde, zoals men in Midden-Duitsland zei, 'Kranewitt'-boom; dat was de jeneverbes, die zulke bijzondere bessen heeft. En in deze jeneverbes zagen de mensen toen hun kerstboom. Waarom? Omdat de mensen door de jeneverbessen, waar de vogels zo gek op zijn, bekend werden met de zwakke werking van het vergif in die bessen; dat het aardse moet doordringen, opdat het geestelijke in het aardse zal kunnen ontstaan. Net zoals de mier hout opzoekt en de houtbij het paaltje, zo wordt iedere morgen, als de vogel aan de bessen pikt van de boom daarbuiten, ook overal een zuur gevormd, maar wel een veel zwakker zuur. Dat wisten de oude volken instinctief en zij zeiden: in de winter als de jeneverbes daar staat en de vogels op zijn bessen afkomen, dan wordt door de jeneverbes de aarde weer van leven voorzien. En dat was voor hen een beeld van het doen herleven van de aarde door de Christus in morele zin.

Zodat wij nu kunnen zeggen: als we op de juiste natuurlijke wijze kijken, is het zo, dat men in dat, wat zich buiten in de natuur afspeelt, echte symbolen, beelden kan zien van datgene wat zich in het mensenleven afspeelt. De mensen van vroeger keken als de vogels in de jeneverbes zaten naar deze vogels met dezelfde liefde als men tegenwoordig naar de kleine baksels of naar de geschenken bij de kerstboom kijkt. Zo was de jeneverbes voor die mensen buiten een soort kerstboom die zij hun woningen binnendroegen. Zo is uit de jeneverbes een soort kerstboom ontstaan.

Maar nu moeten wij afsluiten. Ik wilde dit uur echter niet voorbij laten gaan – omdat u het in deze tijd heel druk heeft – zonder dat wij over een bijzonder belangrijk onderwerp gesproken hebben, en wij zijn tot het beschouwen van zo'n struik gekomen, die werkelijk als een kerststruik kan worden beschouwd, de jeneverbes, die voor de vogels hetzelfde betekent als planten voor de bijen, en hout voor de mieren en de houtbijen, wat in het algemeen hout voor insecten betekent. En ten slotte wil ik dit moment nog benutten om u een echt vrolijk, vreugdevol, innerlijk zielsverheffend kerstfeest toe te wensen.

Wanneer de volgende voordracht is, zullen we u laten weten; dat zal in de niet al te verre toekomst zijn.

Nawoord

Bij de 'Inleidende woorden' van Marie Steiner

De bijeenkomsten van een uur lang, na de eerste ochtendpauze, waren alleen voor de arbeiders toegankelijk. Rudolf Steiner wilde daarbij dat zij zich ongedwongen en vrij konden uiten, zodat tijdens de lezingen een inhoud zou ontstaan die aansloot bij hun vragen. Maar er was ook belangstelling van anderen, vooral toen bekend werd dat de onderwerpen voor de arbeiders vaak nergens anders ter sprake kwamen. Hier kwam de vraag uit voort of de lezingen gestenografeerd mochten worden. Rudolf Steiner vroeg hiertoe eerst toestemming aan de arbeiders, omdat het immers hun lezingen waren, en zij gingen akkoord. Het boek bevat daarom lezingen in spreektaal. Er is voor gekozen om deze stijl in de vertaling zo veel mogelijk over te nemen. Dit leidt weliswaar soms tot lange en taalkundig niet fraaie zinnen, maar brengt de lezer het dichtst bij de sfeer waarin de lezingen zich afspeelden. Omdat vrijwel alle verschenen lezingen van Rudolf Steiner uitgewerkte stenografische aantekeningen zijn, is het mogelijk dat er in de stenografie of in de uitwerking daarvan onjuistheden zitten. Het is niet aan de vertaler maar aan de lezer om deze te doorzien. In de diverse uitgaven in het Duits zijn bovendien enkele wijzigingen in de tekst aangebracht die te maken hebben met de natuurwetenschappelijke stand van zaken. Deze bleken vaak, bij nadere beschouwing, geen verbeteringen te zijn. Steiners inzicht in de aarde- en mensheidsontwikkeling is een andere dan die van de reguliere natuurwetenschap. Vanuit zijn inzichten deed hij uitspraken die vaak veel later door ontdekkingen in de natuurwetenschap herkend en bevestigd werden. Bovendien was Rudolf Steiner bepaald geen leek op wetenschappelijk gebied. Hij studeerde wiskunde, natuurkunde, filosofie, Latijn, Grieks, biologie en chemie. Een voorbeeld: door toedoen en aanbeveling van zijn vriend Karl Julius Schröer werd aan Rudolf Steiner de uitgave van Goethes natuurwetenschappelijk werk in de uitgave van Kürschner toevertrouwd en later zelfs ook van de grote prestigieuze jubileumuitgave van Goethe's verzamelde werk. Geen van de professoren durfde dat zelf aan, maar zij vonden de jonge Rudolf Steiner bij uitstek de geschikte persoon om deze opdracht aan te verlenen. Om deze opdracht uit te voeren vertrok hij uit Wenen en vestigde zich in Weimar om vervolgens zeven jaar aan het Goethe-Schillerarchief te werken. Om bovenstaande redenen heeft de vertaler van deze Nederlandse uitgave ervoor gekozen om zo dicht mogelijk bij de oorspronkelijke stenografisch uitgewerkte tekst te blijven.

Het Goetheanum

De lezingencyclus over de bijen vond plaats in de periode van 26 november tot 22 december 1923 voor de arbeiders die op de locatie aan het werk waren waar het Tweede Goetheanum in Dornach zou verrijzen. Het afgebrande houten Eerste Goetheanum was bedoeld als het kloppende hart van de antroposofische beweging. Eigenlijk wilde Rudolf Steiner, als initiatiefnemer en drager van de antroposofische vereniging, een gebouw in München. Dit gebouw, met de naam Johannesbau, door ambachtslieden uit de hele westerse wereld op een kunstzinnige manier te bouwen, zou uitdrukking kunnen geven aan wat antroposofie inhoudt. In 1908 had Rudolf Steiner al een beeld van het gebouw met de dubbele koepel, maar in München werd het hele plan geweigerd. Op 18 mei 1913 sprak Rudolf Steiner voor het eerst over het verplaatsen van de bouwlocatie naar Dornach nabij Bazel in Zwitserland. In september 1913 werd met de bouw begonnen die doorging tijdens de Eerste Wereldoorlog, waarbij mensen uit zeventien landen, waarvan velen met elkaar in oorlog waren, gezamenlijk doorwerkten aan één reusachtig bouwkunstwerk. Na meer dan negen jaar bouwen door honderden vakmensen werd het in de nieuwjaarsnacht van 1922 op 1923 moedwillig in brand gestoken en door het vuur volledig verwoest. Drie dagen voor het afbranden van het Eerste Goetheanum sprak Rudolf Steiner nog over de betekenis van de Artemistempel in Efeze en de brand, aangestoken door de priester Herostratos op de geboortedag van Alexander de Grote. Later trekt Rudolf Steiner een parallel tussen beide branden. In maart 1923 spreekt hij over de bouw van de opvolger van het afgebrande Goetheanum: het Tweede Goetheanum. In een voordracht van 31 december 1923 tekent hij in een lezing de eerste schetsen van het Tweede Goetheanum op het bord. Het zou geen houten, maar een betonnen gebouw worden.

Anthroposophia

De lezingen van Rudolf Steiner kunnen los van elkaar bestudeerd worden, maar meer begrip kan er ontstaan als ze in samenhang worden gelezen, zoals in dit boek de lezingencyclus over de bijen. Door de lezingencycli in de tijd te overzien, kan de onderlinge samenhang zichtbaar worden. Eigenlijk zijn alle, meer dan 5000, lezingen van Rudolf Steiner te zien als een groot gezamenlijk levenskunstwerk, de grondslag voor de anthroposophia die zich al verder zou kunnen ontwikkelen door de bereidheid van individueel denkende, liefdevolle, creatief werkzame mensen. De sleutel tot zijn werk zijn de eerste boeken die van zijn hand verschenen: *Waarnemen en denken* en *De filosofie van de vrijheid*. Zonder begrip van met name deze twee eerste werken zal waarschijnlijk veel van de betekenis van de latere lezingen niet doordringen tot de lezer. Het innemen van een onafhankelijke positie en het zelfstandig denken over het medegedeelde voorkomen dat de mededelingen in de lezingen een kwestie van 'geloven' worden. Meermaals refereerde Steiner eraan dat zijn woorden niet zomaar overgenomen konden worden. Zelfstandig doordenken en begrijpen zijn noodzakelijk om zich een beeld te kunnen vormen van anthroposophia. Anthroposophia is, vrij vertaald, de liefde voor de wijsheid omtrent de mens en haar ontwikkelingsweg. Helaas kon Rudolf Steiner zijn levenswerk niet afronden. Hij overleefde weliswaar een aanslag in München, maar andere aanslagen op hem in fysieke en geestelijke zin worden genoemd door zijn kring van naaste medewerkers. Een daarvan, met gif,[1] vond plaats na de laatste lezing van de Kerstbijeenkomst[2] van 1923 op 1 januari 1924. Daarna ging het bergafwaarts met zijn fysieke lichaam. Negen maanden lang heeft Steiner alles op alles gezet om voort te kunnen gaan. In die periode werkte hij zo mogelijk dag en nacht door en gaf veel nieuwe impulsen aan zijn levenswerk, de anthroposophia. Om een indruk te krijgen van zijn werkzaamheden in deze laatste levensfase volgt een kort, lang niet volledig, maar toch indrukwekkend overzicht:

19 oktober – 11 november 1923 Een lezingencyclus[3] die in nauwe samenhang staat met de lezingencyclus over het wezen der bijen. De mens als microkosmos, als nauwkeurige afbeelding van de macrokosmos: het planetenstelsel en de dierenriem; de aardeontwikkelingsfasen en de manier waarop deze zich uitdrukken in de insectenwereld; de werkzaamheid van de natuurwezens en hoe deze te ervaren en uiteindelijk waar te nemen. Wezenlijke aspecten van de plantenwereld en van de mens als geestelijk wezen.

26 november – 22 december 1923 Deze lezingencyclus over de bijen op verzoek van de arbeiders aan het Goetheanum. Gelijktijdig hield Rudolf Steiner een andere lezingencyclus op de avonden:

23 november – 23 december 1923 Mysterieplaatsen en inwijdingswegen. De toehoorders werden herinnerd aan de mysterieplaatsen en inwijdingsmysteriën van duizenden jaren geleden, waar zij ooit zelf aan hebben deelgenomen. De voorchristelijke betekenis ervan wordt uitgelegd. De lezingen zijn te beschouwen als voorbereiding op de Weihnachtstagung.

24 december 1923 – 1 januari 1924 De Weihnachtstagung, waarbij de basis werd gelegd voor een nieuwe nachristelijke inwijding en de oprichting van de Algemene Antroposofische Vereniging. Na afloop van de laatste lezing op 1 januari 1924 wordt er bij de 'Rout', waarbij alleen de leden van de Vorstand aanwezig waren, 'iets' in de thee van Steiner gedaan. Ondanks de vergiftiging houdt Rudolf Steiner 's avonds toch nog een indrukwekkende lezing ter afronding van de Weihnachtstagung.

2 – 9 januari 1924 Een reeks van acht lezingen voor jonge artsen en medicijnenstudenten. De enige niet-arts/student daarbij aanwezig is Ehrenfried Pfeiffer, wiens (geestes)wetenschappelijk werk tot op heden weinig aandacht heeft gekregen. Mede dankzij Ehrenfried Pfeiffer is de Warmonderhof gegrondvest, de opleiding voor het beoefenen van landbouw vanuit het gezichtspunt van de antroposofie in Nederland.

4 – 13 januari 1924 Een reeks lezingen waarin de verborgen cultus van de Rozenkruizers beschreven en geopenbaard wordt en vervolgens de stap wordt gezet naar de uitgangspunten voor eigentijdse inwijding; het aanbreken van de Michaëlstijd.

13 januari – 10 augustus 1924 Door het jaar heen schrijft Steiner 18 brieven aan de leden van de Algemene Antroposofische Vereniging.

15 februari – 2 augustus 1924 De klasse-uren 1 t/m 19. Een reeks van lezingen die lange tijd alleen voorbehouden waren aan de leden van de Antroposofische Vereniging, maar inmiddels voor ieder toegankelijk zijn. Zoals men *Waarnemen en denken* en *De filosofie van de vrijheid* kan beschouwen als de drempel naar de uiterlijk waarneembare werkelijkheid, zijn de klasse-uren te beschouwen als de drempel naar de geestelijke wereld. Stap voor stap en nauwgezet beschrijft Steiner hierin hoe deze weg, vanuit zijn perspectief, eruit kan zien. Het is raadzaam om naast de Nederlandse vertaling ook de Duitse uitgave te gebruiken omdat veel nuances moeilijk te vertalen zijn.

7 – 16 juni 1924 De Landbouwcursus te Koberwitz is door Rudolf Steiner achteraf als een van de belangrijkste lezingencycli tot op dat moment in zijn leven genoemd. Het was aan het doorzettingsvermogen van de 'ijzeren graaf', Carl von Keyserlingk, te danken dat de lezingen uiteindelijk doorgang vonden. Het heeft echter daarna niet veel gescheeld of we hadden niet over deze lezingencyclus, de grondslag voor de biologisch-dynamische landbouw, kunnen beschikken. De farmaceutische industrie poogde door middel van het conglomeraat IG Farben tegen een voor die tijd astronomisch bedrag de originele stenografische aantekeningen te kopen. Graaf Carl von Keyserlingk besefte echter het belang van deze aantekeningen en ging niet op het aanbod in. De lezingencyclus van de bijen en die van de landbouwcursus liggen in het verlengde van elkaar. Beide cycli hebben het doen herleven van de aarde als onderwerp.

25 juni – 7 juli 1924 De heilpedagogische cursus, een lezingencyclus over kinderen met een ontwikkelingsstoornis vanuit het inzicht dat het leven dat deze mensen leiden zinvol is. De betekenis van het leven van deze mensen wordt vaak niet ingezien, laat staan dat ernaar gehandeld wordt. De lezingencyclus werd gehouden voor een groepje pedagogen en praktiserende artsen in een tijd waarin nog geen sprake was van vaccinatie- en andere medicatieschade. Kinderen met een ontwikkelingsstoornis met deze vorm van beschadiging zijn in wezen niet vergelijkbaar met de kinderen die dat vanuit een karmische achtergrond hebben. In het voorwoord van de nieuwe Nederlandse vertaling *Genezend opvoeden* is daar helaas geen aandacht aan besteed.

Lezingen over het karma volgen en een pedagogische cyclus in het Engelse Torquay. Dan volgen lezingen in Londen en Stuttgart, voordat Steiner weer in Dornach komt, waar nog een reeks van voordrachten en cursussen volgt. Een viertal voordrachten en/of cursusbijeenkomsten op één dag is geen uitzondering. Zondag 28 september, aan de vooravond van Michaëlsdag, houdt Steiner zijn laatste openbare voordracht, waarna het lichamelijk niet meer lukt. Na een lang ziekbed overlijdt Rudolf Steiner tenslotte op 30 maart 1925.

De leek en de imker

De leek, die niet op de hoogte is van het bijenleven, heeft in zekere zin een streepje voor op de imker. De leek kan geïnteresseerd en onbevangen zijn voor deze nieuwe, en toch al bijna honderd jaar geleden uitgesproken kijk op bijen en hun wonderlijke gedrag. Ook de toehoorders in 1923 zijn leken, op een enkeling na. Het zijn goede ambachtslieden uit alle landen van Europa, die samenwerken aan de bouw van het Tweede Goetheanum.

De toehoorders zijn dus leken op het gebied van bijen houden en toch zullen de lezingen voor hen begrijpelijk zijn geweest, omdat Steiner ze tot hen richtte. Het is duidelijk dat de aanwezige imker, meneer Müller, daarbij aan de zijlijn staat. Zijn ideeën over bijen houden hebben een andere invalshoek dan wat Rudolf Steiner met de arbeiders bespreekt. Meneer Müller houdt de inleidende lezing voor de arbeiders. Wat meneer Müller vertelde is helaas niet terug te vinden, maar het is zeer waarschijnlijk dat in de talrijke imkerverenigingen in Europa nog altijd lezingen worden gehouden die vergelijkbaar zijn met die van meneer Müller, met dit verschil dat de technologie en de farmacie verder geschreden zijn en gelijke tred lijken te houden met de opmars van ziektebeelden en problemen in de hedendaagse bijenteelt. Met de lezing van meneer Müller is de basis gelegd voor de acht lezingen van Rudolf Steiner. Je proeft dat meneer Müller wat tegensputtert, vooral in het begin als hij de 'nieuwe technologische imkerij' verdedigt en denkt dat deze een grote vlucht zal nemen. Steiner reageert direct en zegt:

'Wij zullen eens nagaan waardoor dat, wat voor een korte periode buitengewoon gunstig werkt, zich zó kan ontwikkelen dat het in de loop der tijd ertoe leidt dat de hele zaak toch afsterft. En wij zullen ook zien dat juist de bijenteelt buitengewoon interessant is, om alle geheimen van de natuur te leren kennen, en vooral hoe dat wat enerzijds heel vruchtbaar blijkt te zijn, anderzijds zelfs leidt tot het afsterven. Zo kunnen de imkers wel erg verheugd zijn over de vlucht die de bijenteelt in korte tijd genomen heeft; maar deze vreugde zal geen honderd jaar duren.'

Hiermee is de toon gezet voor de komende acht lezingen. Müller, de representant van de toenmalige, maar evengoed hedendaagse reguliere imkerij, gaat aan de kant staan en luistert. Rudolf Steiner schildert vervolgens een beeld van het wezen van de bijen en zijn betekenis voor aarde en mens.

De situatie in Nederland

Ook in Nederland heeft, sinds het begin van de vorige eeuw, de kunstmatige manipulatieve bijenteelt een enorme vlucht genomen. Het laten zwermen van de bijen wordt nog steeds beschouwd als slecht vakmanschap van de bijenhouder. Vrijwel alle bijenvolken zitten in kubieke kasten. In deze kasten bepalen de bijen niet zelf hoe ze de raten moeten bouwen. Ramen, voorgespannen met kunstraat, vaak op hun plaats gehouden met ijzerdraad, dwingen de bijen in een bepaalde richting te bouwen en een vaste celvorm met vaste afmetingen aan te houden. Als de bijen in vrijheid zouden mogen bouwen, zouden ze andere celvormen, andere celstructuren, andere onderlinge afstand van de raten en minder was gebruiken dan ze nu voorgeschoteld krijgen. Waarom doen imkers dit dan toch? Is het alleen de hebzucht naar honing? Is het de wens naar controle over het bijenwezen? Is het de angst voor de vrijheid die bijen zullen krijgen, waarbij ze kunnen laten zien wie ze zijn, hoe ze hun eigen lichaam opbouwen en hoe ze optimaal hun taak op zich kunnen nemen? En het gaat nog veel verder: de honing wordt zo mogelijk maar liefst twee keer per jaar van de bijen afgenomen, in de lente en in het begin van de herfst, en daarna wordt er een suikeroplossing voor teruggegeven. Dit suikerwater moeten de bijen dan, met veel meer moeite dan bij nectar het geval zou zijn, omzetten tot iets wat uiteindelijk op honing lijkt opdat ze de winter door kunnen komen. Een enkeling laat voor de bijen genoeg honing achter in de kast. Andere rassen dan de inheemse honingbij worden geïmporteerd of gekweekt en dat kweken gebeurt dan onder andere met kunstmatige inseminatie. Blijkbaar vinden veel imkers dat de honingbij die met ons klimaat mee is geëvolueerd niet goed genoeg. Ze zal wel te weinig nectar halen of ze steekt te snel als reactie op de handelingen van de imker. Die bijensteek is natuurlijk iets aparts. De bij geeft daarmee eigenlijk aan dat haar iets niet zint. Normaal steken bijen niet, net als een hond niet zomaar bijt of een kat niet zomaar krabt. Een bij steekt alleen als deze zich in het nauw gedreven voelt of als de imme als geheel onrecht wordt aangedaan. De imker zou dan ook de steek als een signaal kunnen opvatten dat hij iets doet wat de bij, of de imme, niet zint. Weinig imkers vatten dit echter zo op, vandaar mogelijk de hang naar minder steeklustige bijen. Om zich te beschermen tegen de signalen die de bijen afgeven, benaderen vele imkers de bijen alsof deze van een andere planeet komen: leren handschoenen, een bijenkap met gaas ervoor, de broekspijpen in de sokken, liefst een complete overall. En dan de tabaksrook die soms overvloedig de kast ingeblazen wordt, opdat de bijen flink honing opnemen in deze 'noodsituatie', maar waardoor ze hun achterlijf niet meer kunnen krommen en dus ook niet meer zo makkelijk kunnen steken: 'Bij, pas op, de imker is in aantocht.'

Een reeks van ziektebeelden is hiervan het logische gevolg en appelleert aan het bewustzijn van de imker. Steiner meldde al in het begin van zijn lezingen dat de 'vreugde' van deze kunstmatige bijenteelt geen honderd jaar zou duren. Een enkeling neemt deze signalen serieus: de bijensteken, de ziektebeelden van de bijen en/of de woorden van Steiner. De meerderheid geeft zich volledig over aan de reguliere natuurwetenschap en farmacie die het ene na het andere bestrijdingsmiddel uit de hoge hoed toveren. Al deze middelen hebben weliswaar gedurende een kortere of langere periode het beoogde effect – al was de bijwerking dat er in het begin heel wat koninginnen sneuvelden bij de toediening van deze chemicaliën. Maar het uiteindelijke resultaat is dat wetenschappers en farmacie zich al meer terugtrekken. De imkers zitten met de gevolgen van hun keuze: resistentie van de parasieten tegen het merendeel van de farmaceutische producten, was die vervuild is met chemicaliën en bijen die 'zomaar' vertrekken, de zogenaamde 'verdwijnziekte'. Kan het duidelijker?

Sinds 1979 is een imkerwerkgroep[4] actief vanuit het besef dat de bovengenoemde kunstmatige en manipulatieve bijenteelt een bedreiging is voor het voortbestaan van de imme – het bijenwezen. Zij laten zich mede inspireren vanuit met name déze, maar ook andere voordrachten van Rudolf Steiner.

Er is de laatste jaren een tendens merkbaar. Een nieuwe generatie imkers, waaronder veel vrouwelijke, zou wel eens een tijdperk van een niet-kunstmatige bijenteelt kunnen inluiden, een die meer rekening houdt met het wezen van de bijen.

Joseph Beuys

Een gesprek tussen Joseph Beuys, B. Blume en H.G. Prager op 15 november 1975 is gepubliceerd in het toen oudste imkertijdschrift in Duitsland. Het decembernummer van het jaar 1975 bleek daarmee meteen het laatste nummer te zijn, want het maandblad ging daarna op in een landelijk imkerblad.

Joseph Beuys leefde van 1921 tot 1986. Al bij leven was hij een fenomeen als kunstenaar waarbij hij zich mede liet inspireren door de geschriften van Rudolf Steiner. Na zijn dood bleek zijn bibliotheek meer dan 120 boeken van Steiner te bevatten, waarvan een dertigtal vol stond met kanttekeningen en onderstrepingen.

Joseph Beuys werkte vooral met materialen die 'warmte' als kwaliteit in zich hebben: vilt, was, olie, vet, honing enzovoort. Hij gaf een opmerkelijk interview aan dit meest gerenommeerde Duitse imkertijdschrift waardoor imkers op een andere manier naar bijen zouden kunnen gaan kijken. Het integrale interview, zoals gepubliceerd in de *Rheinische Bienenzeitung*[5] van december 1975, volgt hier:

BEUYS Laten we de wezensdelen beschrijven. Als er bij mij van bijenkoninginnen sprake is, als sculptuur, heeft het eigenlijk helemaal niets met bijen te maken, alleen zuiver formeel. Misschien op één na, die er ook meer als zo'n bijenkoningin uitziet, maar toch eigenlijk ook maar weinig delen van het lichaam laat zien, van bijen ziet men eigenlijk helemaal niets bij mijn bijenkoninginnensculpturen.

PRAGER Twee keer is er een vrouwenlichaam te zien, een torso.

BEUYS Ja, dat is die ene, dat is de eerste geweest.

PRAGER Bij de tweede ook, die aan de rand geschoven is.

BEUYS Klopt ja, dat is die grote, waar het zo als een torso naar beneden hangt. Ja dat klopt, twee hebben dus een torsovorm, een vorm van een poppetje.

PRAGER Maar er is iets gemeenschappelijks met de bij, zoiets als met de was op deze houten plank. En bij alle drie de sculpturen de was op deze houten planken.

BEUYS Ja, dat is heel duidelijk, omdat de bij in een omgeving verkiest te leven, die een bepaald organisch warmtekarakter heeft. Het duidelijkst was de oude, uit stro gevlochten bijenkorf, dat was de duidelijkste. Hout is immers min of meer een nogal verhard materiaal. De latere bijenkast heeft al niet meer dit warmtekarakter. En daar komt al tot uitdrukking wat mijn interesse heeft bij alle sculpturen: het algemene warmtekarakter. Ik heb later een soort plastische theorie, waarin het warmtekarakter, de warmtesculptuur een grote rol speelt, ontwikkeld, die zich ten slotte over het sociale als geheel uitbreidt, zich dus als een politiek begrip zelfs helemaal laat verbreiden. En in dit grote verband moet men de bijen zien. Ik heb het niet gemaakt om er een of andere uitspraak mee te doen over de biologische waarde van de bij, in het dierenrijk of zo, helemaal niet, maar meer vanwege het warmteprincipe.

Het warmtekarakter zit in de honing, maar ook in de was, en ook in het stuifmeel en al in de nectar, want de bij verteert precies dat van de planten wat het grootst mogelijke warmtekarakter heeft. Als we nu alchemisch verder gaan, ergens in de bloem, daar waar het eigenlijke warmteproces zich het meest ontvouwt, dus waar geurstoffen ontstaan die vervliegen.

Of waar de nectar zich vormt, dus de eigenlijke plantenhoning. Die kan men al als een opstapje naar de honing aanmerken, die de plant zelf produceert. Dat neemt de bij weg, laat het nog een keer door haar lichaam heengaan en maakt er dan iets hogers van, een hogere werkzaamheid, deze algemene werking van honing. Want men moet ervan uitgaan dat er een algemene honingwerking in de natuur is. De bij verzamelt het alleen maar en plaatst het nog eens op een hoger plan. Men moet heel duidelijk voor ogen hebben, dat dat allemaal in zekere zin iets gecultiveerds is.. Het hele bijenvolk, zoals we dat tegenwoordig kennen, is een teeltmethode van de mensen. De wilde bijen werken net zoals wespen, nogal anarchistisch. Daar heb je alleen maar heel onregelmatige kleine raatvormen. Het bijenvolk zoals we dat tegenwoordig kennen, is een oeroude cultuurvorm, dat wil zeggen dat het afgeleid is van een wilde wespensoort, die in planten leeft, of meestal in bomen.

En dat is feitelijk dus gecultiveerd. Dat op zich is al een diepgaand plastisch begrip... en een therapeutisch begrip natuurlijk. Van oorsprong werd honing therapeutisch benut. Tegenwoordig ook nog wel, maar tegenwoordig wordt het ook gewoon als voedings- of genotmiddel gebruikt.

PRAGER Ik denk nu aan de performance met goud op het hoofd, dat wil zeggen, honing-bladgoud-honing enzovoort, een opstapeling, die het hoofd ingaat.

BEUYS Dat is duidelijk, de materiële betekenis van deze materialen komt weer precies overeen met de honing of met de bijen. Want de bij is ongetwijfeld een zonnedier. Nu komt er een planetair begrip bij.

PRAGER Goed, de zon als symbool. Het is als het ware een proces van zuivering dat daar plaatsvindt. Goud en honing als begrippen van hoogste zuiverheid.

BEUYS Ja, zuivering zou men kunnen zeggen is een therapeutische kwestie.

PRAGER Het lijkt mij essentieel in deze kwestie, dat het van boven naar beneden stroomt.

BEUYS Precies, goed begrepen dat het van boven naar beneden

vloeit. En boven is bij de bij nu juist het bijenvolk. De oude bijenkorf belichaamt nog het meest wat er bij de mens als het hoofd uitziet. En dan stroomt het uit, in de omgeving, maar daarvandaan brengt het ook weer wat mee.

PRAGER Het stromen en terugkomen.

BEUYS Dus, de hele fysiologie, die zich in een bijenkorf afspeelt, speelt zich ook in de mens af.

PRAGER Is identiek.

BEUYS Ja, maar laten we niet zomaar 'identiek' zeggen.

PRAGER Maar het ligt in hetzelfde vlak.

BEUYS Dat zijn fysiologische processen, die zich ook op een andere manier in de mens afspelen.

BLUME Ik zou willen weten hoever de analogie gaat, en wat men op de mens kan betrekken.

BEUYS Het is echter geen analogie in deze banale betekenis, maar eenvoudig de samenhang dat levensprocessen zich aan de ene kant in het dierenrijk zo afspelen en dat ze zich bij de mens op een andere manier afspelen, want de mens heeft immers feitelijk nog een verwantschap met al deze dingen. We hebben zojuist over melk gesproken, daar is iets gelijksoortigs aan de hand, het zijn tenslotte ook melkprocessen die zich in mensen op precies dezelfde manier afspelen, zelfs nog veel duidelijker, omdat het op een biologisch-dierlijk niveau plaatsvindt, dat een niveau lager ligt. Men zou bijvoorbeeld kunnen zeggen: een vrouw geeft melk en een mens geeft honing. Ook de mens produceert zijn eigen honing, als hij deze niet van buitenaf krijgt. Maar dat zijn allemaal dingen die bestaan, dat zijn niet simpel analogieën, maar echte parallelle gebeurtenissen. De mens heeft nu eenmaal een bepaalde hoeveelheid honing nodig. Als hij deze niet van de bijen krijgt, vooropgesteld dat hij deze in de beste vorm krijgt en in de hoogste, laten we het zo noemen, in de kwalitatief hoogste vorm krijgt, dan haalt hij deze ergens anders vandaan. In de fijne stoffen, die aan bladeren hangen, bevinden zich altijd sporen van deze dingen. Ook in andere, bijvoorbeeld toen ik over vijgen sprak, over fruit sprak, daarin zitten fijne sporen van zo'n algemene honing. De bij is alleen maar geteeld, om dit principe, dit kookprincipe te realiseren, zodat het door een kookproces in een hogere vorm terechtkomt, in een vuur- of warmtevorm terechtkomt.

Opdat het door mensen gecultiveerd wordt, omdat ze herkennen dat dát de substantie is die nodig is: om therapeutische redenen, om verpleegkundige redenen, vanwege de ontwikkeling. Daarom was het een gebeuren dat in hoog aanzien stond, deze bijenteelt.

PRAGER Ze stond vanwege de productie van was en honing in hoog aanzien, maar mogelijk ook vanwege de houding van de staat. Want daar is toch ook sprake van een analogie, nietwaar?

BLUME Ik zou daar nog aan willen toevoegen, aansluitend op wat zojuist door Beuys is uitgelegd, niet alleen in hoog aanzien alleen maar vanwege het productieve element, maar vanuit een bepaalde behoefte aan een algemene honing, zoals Beuys dat noemt.

BEUYS Ja, de algemene honing werd vroeger ook in mythologisch opzicht als een spirituele substantie beschouwd en wat dat betreft was de bij natuurlijk ook een godheid. Er bestaat immers een Apiscultus.

De Apiscultus is een zeer verbreide cultuur, die nauwkeurig bekeken een Venuscultuur is, maar die in het bijzonder via de bijen gepraktiseerd wordt. Er werd helemaal geen waarde aan gehecht dat men honing eet, maar toen werd het hele proces beschouwd als een belangrijk gebeuren, dat het kosmische en het aardse verbindt, en dat allemaal laat binnenstromen. Ja, de oude Apiscultus is eerst het algemene laten binnenstromen, is het substantiële binnenstromen van hoog geplaatste substanties uit de omgeving. En in wezen zijn mijn sculpturen ook een soort Apiscultus, ze moeten niet begrepen worden als een beschouwing over de biologische processen in de bijenkorf, ze moeten zich uitbreiden, bijvoorbeeld naar de Apiscultus, die bijvoorbeeld socialisme betekent. Er was in La Chaux-de-Fonds ooit een bijenrepubliek. Een van de eerste socialistische bewegingen was immers in Chaux-de-Fonds, waar uurwerken gemaakt werden, in Zwitserland. Daarom ziet men daar nog veel sculpturen aan de muren, waarin overal bijen afgebeeld zijn, bij bronnen. Zij symboliseren het begrip van het socialisme via bijen.

PRAGER Daar wilde ik naartoe: bijen en de staat. In wezen is deze bijenstaat immers ook iets wat helemaal perfect is, de perfecte autonome staat zonder menselijkheid.

BEUYS Dat moet men zo niet bekijken, dat is een verkeerde zienswijze, dat wordt vaak zo gezien. De bijenstaat is echter helemaal geen staat die uit individuen bestaat, zoals onze staat uit levende afzonderlijke individuen bestaat. Want de afzonderlijke bij heeft immers geen individuele functie, is slechts een ledemaat, heeft alleen maar de functie van een ledemaat. Dat wil zeggen dat één bij overeenkomt met één haartje op mijn lichaam. Als je het zo bekijkt is mijn lichaam ook een staat die perfect functioneert.

PRAGER De bijenkoningin bijvoorbeeld heeft een individuele functie, er zijn in ieder geval verschillende functies in zo'n bijenstaat te onderscheiden.

BEUYS Ja, dat is bij mij ook zo. Het hart heeft een andere functie dan mijn hersenen, en waar ligt bijvoorbeeld de functie van de bijenkoningin in mijn fysiologie, dat zou men heel precies kunnen aangeven.

BLUME Vertel eens.

BEUYS Dat zou tussen hart en hersenen te vinden moeten zijn, dus de functie van de bijenkoningin. En het uitscheiden van afgestorven cellen gebeurt dagelijks, omdat de mens nu eenmaal een uitscheidingsfunctie heeft. En de darren die overbodig zijn, dat is geen moord op afzonderlijke wezens, maar dat is een uitscheiding van cellen, die eerst gebruikt werden om het proces in stand te houden en die steeds weer opnieuw verschijnen, maar ook steeds weer worden uitgescheiden, terwijl andere celformaties een langer leven hebben. Zoiets bestaat er ook in de menselijke fysiologie. Men moet dus oppassen om bij het zien van een enkele bij te zeggen, dat is een individu. Het is een cel in het geheel, net als een huidcel, of een spiercel, of een bloedcel. Het is nog het best te vergelijken met de door het lichaam zwermende bloedcellen. Daar zijn toch ook afzonderlijke cellen, die heel snel in het bloed steeds opnieuw afgebroken worden, en andere die langer bestaan.

Dus de mens is praktisch ook een bijenzwerm, een bijenvolk. Welnu, het zou zinvol zijn om deze vergelijking in de zin van de oude Apiscultus te beschouwen. Niet zo dat men zegt, daar loopt er eentje rond en daar loopt er een rond, die wordt nu gedood en nu is die aan de beurt... zo is het niet. Maar het geheel heeft het karakter van een groepssamenhang, het geheel is een eenheid...

Ik heb gezegd dat voor mij het algemene warmtekarakter dat zich vormt belangrijk is, de substanties die zich vormen: honing, was, stuifmeel, nectar. Dus, buiten het bijenvolk, in de wijde omgeving, is het de plant zelf die daarbij hoort. De plant, die weer in verbinding staat met een minerale basis, de uitwisseling met de bodem. Dat bij het bijenorganisme de hele samenhang voor te stellen is als een warmteproces, en dat men deze kan vertalen in de betekenis van de Apiscultus, die zich in de verdere ontwikkeling van de mens kan voltrekken, en misschien ook wel moet voltrekken. Zoals bijvoorbeeld het socialisme, maar nu niet in de betekenis van een staat die perfect functioneert, maar van een organisme, dat wel perfect moet functioneren. Want tegen perfectie valt niets in te brengen, als deze perfectie menswaardig is, dus werkelijk warm en sociaal is. Dit begrip van het warme verbindt zich ook met het begrip van broederschap en wederzijdse samenwerking, en daarom hebben socialisten de bijen als symbool gekozen, omdat dat in het bijenvolk gebeurt, de absolute bereidheid zichzelf terug te houden en voor andere iets te doen. Zo gebeurt dat nu eenmaal in het bijenvolk, bijvoorbeeld verregaand van geslachtelijke aspecten afzien ten gunste van het geheel, zoals bij de werksters, en dat dit gesymboliseerd wordt door maar één figuur, namelijk de koningin, bij wie dergelijke processen zich voltrekken. De andere houden dat terug en werken in heel andere samenhangen van werkverdeling. Al deze dingen zijn belangrijk, heel belangrijk.

Dus, als we het nog eens samenvatten, zijn het heel verschillende elementen. Allereerst de zuiver morfologische, die we besproken hebben met deze kenmerken. Dan, nietwaar, het substantiële karakter: was, honing, pollen, stuifmeel, nectar, plantenhoning, dus in deze volgorde. En daar tussenin, in het midden van deze bedrijvigheid, het warmtekarakter, dat al bij de bloei aanwezig is, dat door het hele bijenvolk mee naar binnen genomen wordt en zich daar verder op een hoger niveau organiseert.

En dan algemeen, zoals het nu therapeutisch wordt toegepast, dat wekt interesse. Dan de vertaling, nu eens niet als een zinloze vertaling, maar een aan het beeld ontleende vertaling, een sociale warmtesculptuur. Dat heeft er bij mij toe geleid dat ik zeg dat er een ander kunstbegrip gevormd moet worden, waar iedereen bij betrokken is, en dat niet alleen maar een zaak van de kunstenaar is, maar door de antropologie alleen maar hoeft te worden verduidelijkt. Dat houdt in dat ieder mens een kunstenaar is, in die zin dat hij iets kan vormgeven.

PRAGER Zoals denken plastische kunst is, zoals u ooit gezegd heeft.

BEUYS Ja, dat is juist in het algemeen. En dat in de toekomst datgene vorm moet krijgen, wat men de sociale warmtesculptuur noemt, dat zal de vervreemding in de arbeidswereld overwinnen, het is ook een therapeutisch proces, maar ook een warmteproces. En dat komt weer precies overeen met het principe van de broederschap, dat het warmtebegrip in zich draagt. Dat wil zeggen, iedereen werkt voor iedereen, niemand werkt alleen maar voor zichzelf, maar eenieder bevredigt de behoefte van een ander. Omdat ik zelf van de inspanningen van een ander leef, geef ik weer iets aan anderen, dit vanuit wederkerigheid, en wat in zo'n uit elkaar gehaald fysiologisch organisme als een bijenvolk prachtig te bekijken is. Omdat de cellen niet zo aan elkaar vast zitten als in een hoger organisme, zoals bijvoorbeeld in de menselijke lichamelijkheid, maar waar het eigenlijk uit elkaar ligt en ook nog beweeglijk is. Dát is belangrijk.

PRAGER Ook voor de plastiek, heel concreet.

BEUYS Ja, en natuurlijk zijn voor de plastiek de polariteiten die tevoorschijn komen nog belangrijk. Aan de ene kant in de met warmte verbonden chaotische formele processen; zoals men die kan zien in de koninginnencel, die immers amorf en er als een zak uitziet, en in de gewone cel, die hier praktisch zuiver geometrisch kristallijn opgebouwd is. Dat zijn polariteiten, die mij altijd geïnteresseerd hebben, al is het alleen maar in het kader van de theorie tussen beeldhouwen en plastiek. Want plastiek heeft meer betrekking op de mogelijkheid zich daarin te bewegen, terwijl het beeldhouwen bijna altijd geometrisch is, men moet dit steeds via een geometrische conceptie benaderen.

BLUME Heeft u zich vroeger beeldhouwer genoemd of plastisch kunstenaar?

BEUYS Ik zie mezelf meer als beeldhouwer dan als plastisch kunstenaar, heel duidelijk.

BEUYS Plastisch kunstenaar is eigenlijk ook tegenwoordig niet zo in zwang geraakt bij ons. Niemand weet ook meer wat dat is: plastisch kunstenaar.

BLUME Zou u onder bepaalde omstandigheden pedagogen ook plastische kunstenaars noemen?

BEUYS Nee, men moet beide zijn, net zoals de bij beide is. Zij is plastisch kunstenaar en beeldhouwer, want zij kent zowel het kristallijne, geometrische principe en werkt dienovereenkomstig, als ook het warmte-achtige, laten we zeggen, ronde principe. Dat zijn twee verschillende dingen.

PRAGER De complexiteit van de tegenstellingen.

BEUYS De polariteit, en de uiteindelijke eenheid van deze beide principes bestaat daarom idealiter alleen zuiver morfologisch. En dat is ook iets wat mij interesseert. Dus inderdaad, dat is absoluut interessant in samenhang met een theorie over plastiek, het is zelfs noodzakelijk. En dan komt men als vanzelf op deze feiten.

PRAGER Heeft zich dat dus sinds 1947 heel concreet in die richting ontwikkeld?

BEUYS Ja, dat heeft mij van het begin af aan geïnteresseerd, dat was zelfs mijn aanknopingspunt om kunst te studeren, want ik heb immers aanvankelijk natuurwetenschappen gestudeerd. En omdat al deze diepgaande overdenkingen mij meer interesseerden, waar men in het huidige wetenschappelijke gebied niets mee kan... Wat moet men in het huidige wetenschappelijke gebied met mythologische, geestelijke voorstellingen aan, die op plastische kunst en op kunst en op sociale aspecten werken? Wat kunnen wetenschappelijke specialisten daarmee doen? Helemaal niets! En daarom ben ik daar uit gestapt, omdat ik meende dat ik op het gebied van de kunst deze manier van wetenschap beter zou kunnen beoefenen. Dat was eigenlijk de aanzet, toen ook al – toen was ik immers nog jong – tamelijk instinctief. Maar in ieder geval zijn alle tekeningen van de bijen uit die tijd.

In 1948, 1947 begon dat al, deze kwestie met de bijen. En ook waar planten overgaan in bijen... Want het is immers zo dat als de bij bij de plant komt, zij een eenheid vormen, dus bloesem en bij horen bij elkaar als proces.

PRAGER Om nog even bij de plastiek te blijven, in het begin was het proces van het ontstaan heel bepalend, niet zozeer de starre plastiek.

BEUYS Voor mij... nee, niet de starre, maar deze beweeglijke... In mijn theorie over plastische kunst zijn er twee verschillende begripsaanduidingen: sculptuur en plastiek. Sculptuur komt overeen met het Duitse woord voor beeldhouwerij en plastiek komt dan overeen met het organisch beelden vormen van binnenuit. Of ter vergelijking: een stuk steen dat ik vind en waarmee door de natuur een proces zich heeft afgespeeld... laten we eens aannemen, men vindt een steen die uit een gletsjermorene komt, waarin zo'n gletsjer een holle gleuf gemaakt heeft, dat zou met het beeldhouwkundige element overeenkomen. Daarentegen, als ik een bot vind, zal men zeggen dat het zich gevormd heeft vanuit de vloeistofstromen die verstard zijn. Daarom vindt men in botten deze gedraaide krommingen. Als je bijvoorbeeld melk giet, dan zie je dat er zich iets vormt, wat er vaak zo uitziet als een bot, daar vormen zich wervelingen, heel sterk. Als dat zou verstarren, zou het een stuk bot zijn. Dus alles wat zich in de menselijke fysiologie later verhardt, is oorspronkelijk afkomstig uit een vloeibaarheidsproces. Dat is ook heel duidelijk na te gaan: embryologie... en langzamerhand wordt het vast, uit een vloeibaar, algemeen bewegingsproces, vanuit een evolutionair basisprincipe dat beweging betekent.

En dat is in principe iets anders dan een beeldhouwproces. De beeldhouwer werkt in iets vasts dat al bestaat, en gaat dan meestal geometrisch te werk. Gaat van een blok uit en zegt: dat is achter, voor, rechts en links. Oriënteert zich ook aan het dradenkruis of aan dit kubieke kruis, en neemt daar een hoek weg, en daar een hoek weg, en pas helemaal aan het eind komt het individuele, wat uiteindelijk ook een organische plastiek kan zijn, ook in steen. Maar het proces, het sculpturale proces komt meer met het andere principe overeen...

Klei is in principe ook een soort gestolde vloeibaarheid. Vorm aanbrengen in klei is in wezen werken in starre vloeibaarheid.

PRAGER Die dan ook later verhardt.

BEUYS Daarom heb ik ook vet genomen, omdat dat nog lichter en beweeglijker is, dus nog meer de neiging heeft in het vloeibare over te gaan. Heel bijzonder als ik nu – wat mij vooral interesseert – met warmte-elementen kom: dus meer met kou, of meer met warmte, dan stroomt het of weer weg, is vloeibaar als olie, of het stolt en is dan meer of minder vast. Dat heeft immers ook een functie binnen deze theorie, vanwege het vet, dat heb ik immers niet zomaar willekeurig genomen, omdat het er walgelijk uitziet, maar ik heb het genomen omdat ik in deze kwestie iets duidelijk wilde maken hoe het binnen deze hele theorie werkt. Hoe ik het ook als theorie in feite op het getotaliseerde kunstbegrip breng, dat is immers het principe wat ik met deze materialen tot uitdrukking wilde brengen, wat uiteindelijk betrekking heeft op alles, op al het vormgeven in de wereld. En niet alleen maar op kunstzinnig vormgeven, maar ook op het vormgeven van het sociale, of op het vormgeven van het recht, of op de organisatie van geld, ook op landbouwproblematiek, en ook op andere organisatorische vragen en vragen over de opvoeding. Alle vragen van de mensen kunnen alleen maar vragen over vormgeving zijn, en dat is het volledige kunstbegrip. Het heeft betrekking op ieders mogelijkheid om in principe een scheppend wezen te zijn en op de vragen van het sociale geheel. Nu weer terug naar het bijenorganisme, hoe dit gevormd moet zijn opdat er weer humane verhoudingen heersen.

Hoe dat momenteel moet zijn, is heel helder, dat maken de beginselen helemaal duidelijk: namelijk dat er een gebrek aan vrijheid is, een gebrek aan democratie en een gebrek aan socialisme. Juist dit zijn vormgevingsvraagstukken. En die kunnen niet alleen maar uitputtend behandeld worden in organisatievraagstukken, die maar voor enkelingen organisatievraagstukken zijn. Voor beeldhouwers, schilders, architecten enzovoort, of binnen hetzelfde gebied van de cultuur opgelost moeten worden, maar ze moeten overal plaatsvinden, deze vormgevingsprocessen. En ze moeten meer en meer door ieder afzonderlijk zelf worden gerealiseerd.

Tot zover de weergave van het interview met Joseph Beuys. Wat is nu het effect van dit interview op de (imker)lezers van de *Rheinischen Bienenzeitung* geweest? Is het artikel gelezen, doordacht en begrepen? Heeft het ook praktische gevolgen gehad? In een interview[6] op 23 april 1979 spreekt Joseph Beuys nogmaals in dit kader over de bijen. Daarbij bestrijdt hij dat de mens niet in staat zou zijn om in de bijen te kruipen. En als je in de bijen kruipt is het waarschijnlijk het eenvoudigst om in het groepswezen te kruipen. Het is zijn verzoek om dit vermogen te ontwikkelen. En over het interview in de *Rheinischen Bienenzeitung*:

BEUYS De bijen zijn een vitaal levend proces waarbij warmteprocessen een rol spelen, [...] maar het is merkwaardig dat juist onder imkers dit gevoel niet meer aanwezig is. Ik heb een artikel daarover in een tijdschrift over bijen geplaatst. Dat heeft weliswaar bij sommige imkers interesse gewekt, zodat ze zeiden: ja, dat is wat wij ook veronderstellen. Maar de meeste imkers kunnen daar geen begrip voor opbrengen. Tegenwoordig zijn alle beroepen gedegenereerd. Zoals de smid tegenwoordig geen gevoel meer heeft voor het element vuur – zo heeft ook de imker vaak geen gevoel meer voor wat ik onder warm-

Joseph Beuys, *De honingpomp*. Een beeld van de verhouding tussen bijen, warmte, economie en een menswaardige samenleving

te versta. Dat daar warmte van binnen is, dat de bijen het niet koud mogen hebben, dat weet hij ook wel, maar hij kan dat niet meer in een zinvolle samenhang met de mens plaatsen.

Tot zover Joseph Beuys. Moge deze vertaling en dit nawoord een bijdrage leveren aan meer begrip voor het wezen van de imme, het bijenvolk als *warmtewezen*, haar functie in de aarde- en mensheidsontwikkeling, en ook begrip voor de bijzondere taak van de imker om dit mede mogelijk te maken en zo mogelijk te herstellen wat er door de kunstmatige bijenteelt de afgelopen eeuw ten aanzien van de bijen mis is gegaan.

Theo Georgiades

Aantekeningen bij *De bijen*

1 Door brandstichting in de oudejaarsnacht van 1922 op 1923 is dit uit hout opgebouwde 'Gesamtkunstwerk', dat een voorbeeld is geworden voor de ontwikkeling van de organische bouwkunst, totaal verwoest. Direct begon Rudolf Steiner met het ontwerp en de bouw van een tweede Goetheanum. Aan dit tweede Goetheanum werkten de arbeiders voor wie Rudolf Steiner zijn lezingen over de bijen hield.

2 *Wat in de planten eigenlijk al als honing voorhanden is:* met honing wordt hier nectar in de bloem bedoeld.

3 *Deze 21 dagen ... de zon ongeveer éénmaal om haar as draait:* In astronomische leerboeken wordt aangegeven dat één omwenteling van de zon om haar as ongeveer 25 dagen duurt. Of Rudolf Steiner hier wijst op een ritme uit een ver achter ons liggend zonnetijdperk, dat nog tot op de huidige dag in het leven van de bij doorwerkt, is niet meer vast te stellen. De hier weergegeven tekst berust, zoals reeds vermeld, op een weergave die niet door de spreker is gecorrigeerd. (Noot van Günther Wachsmuth bij de uitgave van 1937.)

4 *Wanneer de zon ... eerder was:* Deze passage is vertaald overeenkomstig de uitgaven van 1929, 1937, 1951 en 1965. In de uitgave van 1978 is de passage gewijzigd en bekort. – De uitspraak van Rudolf Steiner betreffende de tijd die de zon nodig heeft om eenmaal om haar as te draaien, wijkt af van de huidige feitelijke situatie. Een mogelijke verklaring wordt gegeven in de vorige noot. Ook enkele afwijkingen in de zesde voordracht zijn hierop terug te voeren.
Volgens de astronomie duurt momenteel een omwenteling van de zon om haar as ongeveer 25 dagen. Terwijl Rudolf Steiner een natuurwetenschappelijke opleiding heeft gevolgd, spreekt hij hier toch over 21 dagen. Dat zal dus een reden hebben. Een mogelijke verklaring is dat de omwentelingstijd van de zon op het moment van het ontstaan van de honingbij op aarde een omwentelingssnelheid van 21 dagen kende. Een

vergelijking valt te trekken met de omlooptijd van de maan, de maanstonde. Ook de menstruatie loopt niet meer synchroon met de maanstonden en heeft zich verzelfstandigd.(Noot van de vertaler)

5 *johanneskevers:* De johanneskever (*Phyllopertha horticola*) is een kever uit de familie bladsprietkevers (*Scarabaeidae*) en wordt ook wel rozenkever of tuinkever genoemd.

6 *Auguste Henri Forel*, 1848-1931, Zwitsers psychiater en natuuronderzoeker. Hij schreef o.a. *Die psychischen Fähigkeiten der Ameisen*, 1901, en *Das Sinnesleben der Insekten*, 1910.
Alfred Kühn, 1885-1968, Duits zoöloog; hij schreef een veelvuldig geraadpleegde *Grundriss der Algemeinen Zoologie*, 1922.

7 *zonnedauw of vliegenvangertje: Dionaea muscipula*, een insectenetende plant, behorende tot de zonnedauwfamilie (*Droseraceae*).

8 *Nu heb ik u al eens verteld:* Zie de tweede voordracht op 10 oktober 1923 in *Arbeitervorträge Band 5, Mensch und Welt,* blz. 33-50, vooral blz. 36 e.v., 1978.

9 *Ik heb u al eens verteld:* Zie de voordracht van 14 april 1923 in *Vom Leben der Menschen und der Erde,* GA 349, Dornach 1980.

10 *Afb. 4 ... rechtsboven:* Abusievelijk schrijft Rudolf Steiner hier 73% in plaats van 53%.

11 *Gustav von Bunge*, 1844-1930, Duits filoloog van Russische afkomst, sinds 1885 hoogleraar in Bazel. Vertegenwoordiger van het neovitalisme. Belangrijkste werken: *Lehrbuch der physiologischen und pathologischen Chemie.* 1887, en *Lehrbuch der Physiologie des Menschen*, 2 delen, 1901.

12 *Heinrich Heine*, 1797-1856. Zijn uitspraak 'de armoede komt van de pauvreté' is nog niet opgespoord.

13 *het zogenaamde rekenpaard van de heer von Osten:* vgl. hiervoor het geschrift van Oskar Pfungst, *Das Pferd der Herrn von Osten (Der kluge Hans). Ein Beitrag zur experimentellen Tier- und Menschen-Psychologie*, Leipzig 1907.

14 *dag van de Kruisvinding:* Feestdag op 3 mei in de katholieke liturgische kalender en 6 of 7 mei in de orthodoxe liturgische kalender. Volgens overleveringen uit de 4e eeuw reisde Helena, de moeder van de roomse keizer Constantijn, naar het Heilige Land. Drie kruizen werden daar in 325 op aanwijzing van de bisschop onder een 'heidense' tempel gevonden. Het kruis van Christus werd door Titulus (volgens Ambrosius van Milaan) geïdentificeerd. Een deel nam Helena mee naar Constantinopel, de andere delen zouden in Jerusalem gebleven zijn.

15 *Ph. T. Baldensberger*, bekende imker, in het *Bulletin de l'Apiculture des Alpes Maritimes.*

16 *middel tegen mond- en klauwzeer bij runderen:* Zie Joseph Werr, *Tierzucht und Tiermedizin im Rahmen biologisch-dynamischer Landwirtschaft*, Stuttgart 1953.

17 *'gewone huisbij'*: Als 'gewone honingbij of huisbij' heeft bijvoorbeeld Alfred Brehm de bij gekarakteriseerd (*Brehms Illustriertes Tierleben*, deel 3, p. 474, Leipzig 1875.)

18 *Maar het kan ... op deze vraag antwoorden:* In de klassieke homoeopathie wordt het totale klachtenbeeld van de patiënt bekeken. Het niet verdragen van honing is daarbij dan slechts één van de symptomen. De totaliteit van de symptomen dient overeen te komen met het beeld van het passende middel. Middelen waarvan bij geneesmiddelproeven (bij gezonde mensen) blijkt dat de nieuw ontstane klachten (ontstaan door de geneesmiddelproef) bij deze mensen verslechteren door het eten van honing, zijn: natrium carbonicum, natrium muriaticum, phosphorus, silicea en sulphur. Het inzicht van Rudolf Steiner blijkt hier dus treffend te passen bij de inzichten verworven in de klassieke homoeopathie.

19 *Carnica:* De inheemse bij uit de Balkan: *Apis Mellifica Carnica*, in Nederland *Carnica* genoemd

20 *omdat ik een goede vriend had die boer was:* Zeer waarschijnlijk gaat het over de landbouwer Hugo Hitschmann (1838-1904), de grondvester van de moderne periodieken op het gebied van land- en bosbouw in Oostenrijk. Hij werkte mee aan de totstandkoming van de centrale organisatie voor land- en bosbouw in Oostenrijk; van 1870 af was hij eigenaar van de *Wiener Landwirtschaftlichen Zeitung;* hij stichtte in 1883 de *Österreichische Forst- und Jagdzeitung*, in 1884 de *Allgemeine Weinzeitung*, in 1878 de *Ökonom;* en hij was uitgever van de *Taschenkalender für den Landwirt* (sinds 1879), van het *Archiv für die Landwirtschaft* en het *Vademekum für den Landwirt* (1882).

21 *Er zijn wespen:* Galwespen *(Cynipidae)*.

22 *Er zijn ook galvormingen ... die harig zijn:* die van de rozengalwesp, *Rhodites rosea*. Deze veroorzaken galappels, de zogenaamde rozenkoningen of slaapappels.

23 *vijgenteelt:* Zie hiervoor de volgende beschrijving in *Brehms Illustriertes Tierleben*. Für Volk und Schule bearbeitet von Friedrich Schödler, deel 3, p.511, Leipzig 1875, dat Rudolf Steiner blijkbaar citeert (dit boek bevond zich in zijn bibliotheek):

'Het is bekend dat men reeds in de Oudheid een galwesp, de *Cynips Psenes Linnaei* [nu: *Blastophage psenes*], gebruikte om vijgen sappiger en smakelijker te maken, en nog heden ten dage gaat men in Griekenland zeer zorgvuldig te werk om de "vijgvorming" aan de veredelde bomen met behulp van dit dier te bewerkstelligen. Het leeft in wilde vijgen en bereikt in de tijd dat deze nog onrijp zijn (eind juni) zijn volle wasdom, en het zou er ook in blijven zitten, als het niet werd gestoord. Maar nu plukt men de vijgen en bindt die twee aan twee met een lange bies aan elkaar, en gooit die dan over de takken van de veredelde vijgenbomen, zo regelmatig mogelijk verdeeld tussen de vruchten; het uitdrogen en in elkaar schrompelen van de wilde vijgen noodzaakt de insecten naar buiten te kruipen, een (abnormale) tweede generatie te vormen en de veredelde vijgen als behuizing voor hun broedsel te kiezen. Voordat dit tot ontwikkeling komt, worden de vijgen geoogst; het broedsel gaat dan dood, nadat het door zijn aanwezigheid de hoeveelheid sap in de vruchten heeft vergroot.'

24 *uitgelopen*: imkerterminologie. Nadat de koningin een eitje heeft gelegd, volgen er verschillende stadia eer de bij (dar, werkbij of koningin) volgroeid is. Uit het eitje kruipt na enkele dagen de larve. De larve wordt gevoed en verpopt zich tenslotte, waarbij de cel gesloten wordt met een wasdekseltje. Uit de pop komt het imago, de volgroeide bij. Deze bij verbreekt de celdeksel en kruipt eruit – dit wordt uitlopen genoemd.

25 *bruidsvlucht:* Wordt ook bruilofstvlucht en soms bevruchtingsvlucht genoemd.

26 *het bloed niet gepompt wordt:* Natuurwetenschappers willen nog altijd graag geloven dat het hart een pomp is en ook de schoolboeken vermelden dit. Hartchirurg Christiaan Barnard verrichtte op 3 december 1967 in Kaapstad in Zuid-Afrika de eerste harttransplantatie ter wereld. Hij ontdekte in deze tijd dat als het hart buiten de circulatie wordt gehouden, dus 'kortgesloten' wordt, het bloed sneller gaat stromen. De proefdieren, apen, stierven aan deze versnelling van de bloedsomloop. Hiermee is niet vol te houden dat het hart een pomp zou zijn.

27 *passend geneesmiddel ... kan opwekken:* Welbeschouwd is dit de grondregel van de klassieke homoeopathie: 'similia similibus curentur': het gelijkende wordt door het gelijksoortige genezen.

28 *tartarusmiddel: Tartarus emeticus*, ofwel braakwijnsteenzuur, ofwel Autenriethse zalf.

29 *de oorlog:* Eerste Wereldoorlog, 1914-1918.

30 *'darrenbroedig volk'*: In het Duits: 'Man nennt das Afterkönigin', in het Nederlands taalgebied noemen imkers het bijenvolk in zo'n situatie 'darrenbroedig'.

31 *halen een bepaalde grassoort: Aristida oligantha.*

32 *deze mieren doen aan akkerbouw:* Hierover schrijft Brehm (*Brehms Illustriertes Tierleben*, p. 501); hij citeert Darwin in dit verband: 'Een andere soort, de *Atta malefaciens,* wordt door Darwin de "landbouwbedrijvende" genoemd en hij vertelt daarover het volgende: "De diersoort, die ik de 'landbouwbedrijvende' noem, bestaat uit grote bruine mieren. Zij

woont in – wat men kan noemen – geplaveide steden en neemt, net als een vlijtige voorzichtige boer, passende maatregelen die bij de tijd van het jaar horen. Zodra zij een plaats voor haar vestiging heeft gekozen, boort zij – als het om een gewone droge bodem gaat – een gat en daaromheen hoogt zij de bodem drie tot zes duim op, zodat het een lage, ringvormige wal wordt. Ligt de gekozen plek echter op vlak land, dat overstroomd kan worden, dan hoogt zij de wal op tot die de vorm heeft van een puntige kegel van wel vijftien of twintig duim of nog hoger, en zij legt de toegang dicht onder de top, ook als tijdens het tijdstip waarop zij haar bouwsel optrekt de bodem volkomen droog is. In beide gevallen verwijdert de mier alle obstakels van de bodem buiten de wal; zij maakt de oppervlakte volkomen glad tot drie à vier voet buiten de stadspoort, en zorgt ervoor dat die plek eruitziet als een mooi plaveisel, wat het dan ook werkelijk is. Binnen de grenzen van dit plein wordt geen stukje groen geduld; alleen één enkele soort gras die aren voortbrengt mag er staan. Nadat het insect dit graan rondom in een kring heeft aangeplant, twee tot drie voet verwijderd van het centrum van de wal, verzorgt het dit gewas steeds zorgvuldig, en bijt alle andere grassoorten en kruiden af die toch nog opkomen, zowel op zijn akker als één tot twee voet daarbuiten; het goed verzorgde gras gedijt uitstekend en geeft een rijke oogst van kleine witte zaden, hard als kiezels, die onder een microscoop zeer sterk lijken op gewone rijst. Als de korrels rijp zijn, worden zij zorgvuldig verzameld en door de arbeiders met het kaf naar de korenschuur gedragen, waar de korrels van het kaf worden gescheiden en opgeborgen. Het kaf wordt buiten de grenzen van de geplaveide akker gegooid.'

33 *Charles Darwin*, 1809-1882.

34 *Wespen van een bepaalde soort:* Sluipwespen.

35 *Ik heb u daar al eens over verteld:* Zie de voordracht van 5 januari 1923 in *Gezondheid en ziekte*, Zeist 1977.

36 *Alfred Edmund Brehm*, 1829-1884, Duits zoöloog en ontdekkingsreiziger.

37 *vertelt Brehm een aardig verhaal:* zie *Brehms Illustriertes Tierleben*, p.494: 'De brutaliteit, de teugelloze woestheid van de wespen is aan ieder genoegzaam bekend, ook als hij niet door een grote zwerm wordt overvallen en onbarmhartig werd gestoken terwijl hij, rustig en volledig onbekend met de aanwezigheid van hun nest, op het voetpad wandelt waaraan de ingang van het nest ligt. Enkele jaren geleden ondervonden een herdershond en zijn gezelschap dat aan den lijve. Op een landgoed lopen koeien in de wei. Daar is de bodem door talrijke molshopen opgewoeld. Op een daarvan zit de hond, de trouwe bewaker van zijn kud-

de. Opeens begint hij verschrikkelijk te huilen en stort zich totaal vertwijfeld in het beekje dat daarlangs loopt. De koeherder, die eerst niet snapt wat er gebeurt, snelt zijn trouwe dier te hulp en ziet dat het over zijn hele lijf vol wespen zit. Terwijl hij nog bezig is de beesten die door het bad enigszins bekoeld zijn van de hond te verwijderen, merkt hij in zijn ijver niet dat hij zelf ook op een vulkaan staat. De gestoorde dieren kruipen aan de binnenkant van zijn kleren langs zijn benen naar boven, en ook hij moet tenslotte in het water enige verlichting proberen te vinden voor de steken die hem zijn toegebracht. De verwarring wordt steeds groter. Elke molshoop wordt door talrijke zwermen bewoond die men tot op dat ogenblik niet heeft opgemerkt. Ook de rustig weidende koeien hebben er een paar verstoord en worden ook aangevallen door de wespen die in grote opwinding zijn geraakt. Het gevolg is een algemeen gebrul en geloei, de slachtoffers springen in het water, en bij de strijd tussen mens, dieren en wespen zijn allen betrokken! Met de grootste moeite en inspanning van alle krachten lukt het om langzaamaan weer orde in de chaos te scheppen. Pogingen om die nesten definitief te vernietigen en de wei voor het vee toegankelijk te maken, blijken vruchteloos. De wespen zijn dit jaar veel te talrijk en zij beheersen de situatie volkomen.'

38 *Jean-Henri Fabre*, 1823-1915, Frans deskundige op het gebied van insecten. Belangrijkste publicatie: *Souvenirs entomologiques – Études sur l'instinct et les moeurs des insects*, 10 dln. 1879-1907.

39 *Deze bijen, die men gewoonlijk houtbijen noemt: Xylocopa violaea.* Vergelijk hiervoor A. Brehm, *Brehms illustriertes Tierleben*, p. 484 en 485:
'Luid zoemend vliegt het wijfje, dat uit haar winterslaap is ontwaakt, naar de latten, houten wanden, palen in de omgeving en kiest een gunstige plek om daarin haar nakomelingen te huisvesten. Oud hout, een vermolmde paal, een half vergane boomstam waaraan de schors hier en daar al ontbreekt, zijn daarvoor het meest passend en maken het zware werk uitvoerbaar. IJverig knagend maakt de bij een gat zo groot als haar lichaam, dringt enkele millimeters naar binnen, wendt zich dan naar beneden en boort verder. De vezels worden naar buiten gewerkt, zij boort dieper en dieper, tot een fraai rond gat is ontstaan dat een voet lang kan zijn en aan het eind weer enigszins in de richting van de buitenwereld afbuigt. De zorgzame moeder gunt zich bij deze bezigheid alleen even rust om van tijd tot tijd naar bloemen te vliegen die haar met hun honing nieuwe krachten geven. De meimaand is nog niet ten einde als haar ringvormige holte af is. Nu wordt in het onderste deel een afgepaste hoeveelheid honing, vermengd met stuifmeel, naar binnen ge-

bracht, daarop wordt een eitje gelegd en erbovenop wordt een dekseltje geplaatst dat ongeveer overeenkomt met de doorsnee van de holte, een dekseltje dat gemaakt is van concentrische ringen uit fijngekauwde houtvezels. De eerste cel is afgesloten en daarmee is tevens de bodem gevormd voor de tweede cel die erboven moet komen. Die krijgt dezelfde afmetingen en er komt ook een eitje in. Op die manier gaat het ononderbroken verder, tot de ruimte met een rij cellen gevuld is. Na enige dagen komt de jonge larve uit; zij ligt krom en vult, als zij na ongeveer drie weken volwassen is, de uitholling van de cel vrijwel op. Dan spint zij een cocon en verpopt zich. Omdat de onderste larve de oudste is, moet zij zich natuurlijk ook het eerst ontwikkelen, dan de tweede, en de bovenste als laatste. Zal de larve nu soms zo lang wachten tot de laatste van haar zusters bereid is de uitweg uit de gevangenis open te breken? Natuurlijk niet, de larve staat op haar kop, een kleine beweging en een weinig vooruit dringen laat haar merken dat zij de ruimte zal kunnen verlaten. Zo komt zij aan het einde van de bocht die losjes is gevuld met houtafval, en knaagt die dunne laag tussen zichzelf en de warme doorzonde lucht door. De tweede larve die uitkomt, volgt de weg van de eerste en zo is eind juli of begin augustus het hele gezelschap uitgevlogen en het nest is leeg.'
In de eerste Nederlandse uitgave van *De bijen* uit 1982 is klaverzuur gebruikt als vertaling van Kleesäure. Deze benaming is in onbruik geraakt.

40 *oxaalzuur*: Oxaalzuur wordt ook wel zuringzuur genoemd. Oxaalzuur komt voor in diverse planten, vooral in rabarber en klaverzuring. Oxaalzuur zit ook in voedingsmiddelen, in hoge mate in cacao, chocolade, veel noten, bessen, bonen en bieten, en in mindere mate in peterselie en spinazie.

41 *kerstboom*: Steiner gebruikt in deze lezing een enkele keer het woord 'Weihnachtsbaum' en alle andere keren duidt hij de kerstboom met 'Christbaum' aan.

Aantekeningen bij het nawoord

1 *aanslagen ... met gif:* Een vijftal verslagen en getuigenverklaringen van mensen rond Steiner maken hier melding van. In het Nederlandse taalgebied, anders dan in het Duitse en het Engelse, is hierover tot op heden nauwelijks bericht.

2 *Kerstbijeenkomst:* Bekend onder de naam 'Weihnachtstagung': de kerstbijeenkomst van 1923 waarin de Algemene Anthroposofische Vereniging werd opgericht als een beoogd keerpunt in de mensheidsgeschiedenis. Rudolf Steiner nam daarbij zelf het voorzitterschap op zich. Een van de kenmerken van dit beoogde keerpunt is dat alle occulte kennis vanaf dat moment vrij toegankelijk diende te zijn voor ieder mens ten behoeve van de individuele ontwikkeling.

3 *lezingencyclus:* In de Nederlandse vertaling verschenen onder de naam *De mens als klankharmonie van het scheppende wereldwoord* (GA 230).

4 *imkerwerkgroep:* Zie www.bdimkers.nl

5 *Rheinische Bienenzeitung:* Het oudste vakblad voor imkers in Duitsland, uitgegeven door de Bienenzucht-Verein der Rheinprovinz. Het eerste nummer verscheen in 1849. Het laatste nummer met het interview met Joseph Beuys is het decembernummer van 1975, de 126e jaargang. Het blad is daarna opgegaan in het landelijke imkervakblad 'Biene'.

6 *in een interview: Was ist Kunst? Werkstättgespräch mit Beuys,* Verlag Urachhaus, Stuttgart 1986. In de Nederlandse vertaling verschenen in de Drempelreeks van Uitgeverij Vrij Geestesleven, Zeist 1988 onder de titel *In gesprek met Beuys.*